식물
산책

식물 산책

식물세밀화가가
식물을 보는 방법

이소영

글항아리

일러두기

• 식물 이름은 국가표준식물목록에 따랐다. 외래종, 재배종 등은 국제식물명명규약에 의거해 표기했다.
• 식물학 그림botanical illust은 관용적 쓰임을 고려해 대개 '식물세밀화'로 부르되, 마땅히 언급해야 할 경우 식물학 그림, 도해도 등 본래 뜻을 밝힌 용어를 사용했다.

차례

아침이면 채집 봉투와 가위, 자, 루페 등을 챙겨 등산화를 신고 근처 숲으로 나선다. 걷고 걸어서 숲에 올라 어제 본 동자꽃 자리를 찾는다. 어제와 같은 상태인지, 꽃의 암술이 뚜렷이 보이는지 확인한다. 쪼그려 앉아서 루페로 만개한 동자꽃을 들여다보며 가져온 연필과 노트를 꺼내 스케치하고 날짜를 적는다. 돌아오는 길에 국수나무 *Stephanandra incisa* (Thunb.) Zabel의 꽃이 보인다. 작년에 스케치했던 걸 마무리 지어야지. 꽃 부분을 채집 가위로 잘라 봉투에 넣는다. 작업실로 돌아와 채집한 국수나무 꽃이 시들세라, 서둘러 현미경에 놓고 관찰한다.

현미경 렌즈로 본 꽃은 산에서 본 꽃과 어쩐지 다르게 느껴진다. 숲에서는 눈에 띄지 않던 작디작은 꽃이 렌즈 안을 가득 채우면, 동그랗고 흰 꽃잎은 까만 우주의 하얀 행성 같다. 렌즈를 돌려 확대하면 꽃잎 안에는 노란 수술들이 서 있다. 여러 개의 수술이 둥그런 부리를 가진 암술을 감싸고 있다. 렌즈를 더 돌리면, 수술머리에는 샛노란 꽃가루가 덕지덕지 붙어 있다. 들여다보면 볼수록 더 많은 것이 보인다. 관찰하면 할수록, 안으로 더 들어갈수록, 더 큰 세계가 펼쳐진다는 사실을 식물을 통해 깨우친다.

눈에 보이는 것을 모두 스케치한 뒤, 지난해에 그려둔 스케치와 비교해 본격적으로 펜촉에 잉크를 묻혀 선을 긋는다. 그렇게 내 하루는 지난다. 나는 식물학 그림(식물세밀화)을 그린다. 식물의 형태를 그림으로 기록하는 게 내 일이다.

식물을 그리기 위해서는 그것을 관찰해야 한다. 그래서 늘 식물이 있는 곳을 찾는다. 식물원, 수목원, 산과 들은 물론 길모퉁이나 어느 공터에도. 그려야 하는 식물이 한국에 없으면 다른 나라로도 간다. 이 책에는 식물을 그림으로 기록하기 위해 내가 찾은 장소들, 그중에서도 특히 식물원과 수목원에서의 이야기가 담겨 있다.

첫 직장인 국립수목원에서 자생식물을 그렸을 때부터 블루베리 도감을 만들러 농장과 식물원을 찾아다니던 때, 식물을 하는 사람이라면 누구나 꿈꾸는 연구기관인 큐왕립식물원을 방문했을 때까지…… 지난 10여 년간 찾은 장소에서 만난 식물과 그들이 내게 들려준 이야기, 식물을 하면서 만난 사람들, 우리나라에선 아직 생소한 식물학 그림을 그리며 겪은 일들을 글로 기록했다.

가장 좋아하는 일은 직업으로 삼으면 안 된다고 하지만, 이상하게도 나는 식물을 만나면 만날수록, 보면 볼수록 그들을 더 사랑하게 된다. 내가 만난 식물은 모두 한번 뿌리 내린 자리에서 묵묵히 제 할 일을 하고 있었다. 누가 보지 않아도 주어진 환경에서 최선을 다해 꽃을 피우고 열매를 맺는다. 그런 모습을 보면, 그들을 닮고 싶어진다. 그들 곁에서 나도 언제까지나 묵묵히 이 세상의 식물들을 하나하나 그림으로 기록하고 싶다.

이 책을 읽는 독자도 나와 같은 경험을 하길 바란다. 책을 덮었을 때, 식물이 있는 곳을 찾아가 그들을 만나고 싶은 마음이 생기기를, 그냥 지나쳐왔던 주변의 식물을 한 번 더 돌아볼 수 있게 되기를, 식물을 더 사랑하게 되기를 바라는 마음으로 이 기록들을 책으로 엮는다.

숲속의
세밀화가

국립수목원

첫 숲

도심에서 조금 떨어진 경기도 남양주시 광릉숲 근처에
내 작업실이 있다. 이곳은 아버지의 고향이고, 우리 가족이
이곳에 내려온 지는 꽤 되었다. 내가 태어나기 전 부모님의
연애 시절, 아버지는 어머니를 가족에게 소개시키러 고향
을 방문했고, 근처의 광릉수목원에 어머니를 데려갔다고
한다. 어머니는 아름다운 수목원의 풍경에 반해, 그리고 이
수목원에 당신을 데려온 아버지에게 반해 결혼을 결심했다
고 언젠가 내게 이야기했다.

그렇게 태어난 나는 우연찮게 대학에서 원예학을 공부했
다. 그리고 학부 3학년 때 우연히 들은 식물 그림 수업에서
처음으로 식물세밀화를 그리기 시작했다. 그림을 본격적으
로 배운 적은 없지만 막연히 식물을 자세히 들여다보고 기
록하는 그 시간이 좋아 졸업할 때까지 식물 그림을 배웠다.
졸업할 때쯤에는 국립수목원에서 식물세밀화가를 채용한
다는 은사님의 조언을 듣고 지원하여 그곳에서 일을 하게
되었다. 당시 식물세밀화가를 뽑는 곳은 국립수목원이 유
일했는데 (지금도 마찬가지다) 학부를 막 졸업한 내가 최고의
식물학자들 사이에서 식물을 공부하고 식물세밀화를 그릴
수 있게 된 건 행운이었다.

사람들은 식물원이나 수목원을 식물이 전시되어 있는 곳, 전시된 식물을 보러 가는 곳으로 알고 있지만, 식물원은 식물을 연구하기 위한 곳이다. 식물을 연구하는 이유는 바로 '종의 보존'을 위해서다. 그런데 식물 종을 보존하는 데는 연구자뿐만 아니라 우리 모두의 노력이 필요하다. 그래서 식물학자들은 더 많은 사람의 노력을 구하기 위해 전시, 교육을 통해 그들의 연구 결과를 이야기한다. 식물원에 분류학자, 생태학자, 원예학자, 조경학자, 그리고 식물세밀화가 등 식물을 연구하는 다양한 분야의 전문가들이 모여 있는 이유다.

수목원에서도 내가 있던 곳은 한국의 자생식물을 조사·수집·기록하는, 식물 연구에서 가장 기초가 되는 일을 주로 하는 산림생물조사과였다. 내 연구실은 표본관 안에 있었다. 표본관에는 식물학자들이 일하고 연구하는 사무실과 실험실, 연구자들이 수집한 다양한 형태의 표본과 도해도, 글 등 기록물이 수집된 표본실, 그리고 생물학 도서 등 각종 인쇄물이 소장된 도서관, 식물 표본을 제작하는 표본제작실, 씨앗을 수집하는 종자은행 등이 있다. 표본관은 국가적으로 소중한 기록물을 수집하는 곳이기 때문에 일반 관람객의 출입이 제한되며, 화재에 대비할 수 있는 소방 방재 시스템도 마련되어 있다.

그 안에서 나는 동료 식물학자들이 우리나라 산과 들 곳곳을 찾아가 조사하고 수집한 식물을 그림으로 기록하는 일을 했다. 내가 기록한 그림은 새로운 종이거나 기록이 없는 종으로서 학술 연구 발표에 게재되기도, 식물도감을 엮는 데 쓰이기도 했다.

산림생물표본관. 식물표본실 외에도 버섯,
곤충, 조류 등의 표본이 있는 동물표본실,
식물 관련 인쇄물이 수집된 도서관, 표본제
작실, 사무실, 연구실, 종자은행 등이 있다.

식물세밀화를 그린다는 것

내가 속해 있던 식물조사실에는 다양한 전공의 식물 분류학자와 생태학자가 있었다. 창가 바로 앞 내 자리 뒤에는 사초과(방동사니과)식물을 연구하는 분류학자, 그리고 옆에는 우리나라에 와서 자리를 잡은 귀화식물을 연구하는 식물학자, 그 옆에는 소나무, 잣나무와 같은 구과(솔방울열매)식물을 연구하는 생태학자 등이 있었다.

온종일 자신이 연구하는 식물만 들여다보는 게 일이다 보니 우리는 서로를 '사초' '나자(겉씨식물)' 등 각자의 분류군 이름으로 부르곤 했다. 일부러 그런 건 아니었지만 일을 하다 보면 자연스레 "사초 모여!" 혹은 "나자 이리 와봐" 등으로 소통하는 게 예사였다.

내 뒷자리에 있던 사초과·벼과 식물 분류학자. 보통은 현장에 나가 식물을 조사하고, 실험실에서는 생체나 표본에 얼굴을 콕 박고 식물을 들여다본다.

각자의 식물군으로 서로 부르고 불리다 보면, 어느새 사람도 그 식물과 닮아 보일 때가 있다. 사초 연구원은 사초과식물처럼 존재하는지도 모르게 가만히 앉아 조용히 표본만 들여다보는 사람이었고, 나자 연구원은 거대하고 활력 넘치는 전나무나 가문비나무*Picea jezoensis* (Siebold & Zucc.) Carrière처럼 화통한 성격을 가진 사람이었다.

　　나는 이곳에서 '세밀화'로 불렸다. 세밀화 그리는 사람. 아침에 출근하면 퇴근할 때까지 자리를 뜨지 않고 내내 고개를 숙인 채 펜대를 쥐어 잉크를 종이에 꾹꾹 눌러가며 선을 긋는 게 '세밀화'의 일이었다.

현미경으로 식물을 관찰하던 2010년의 나.

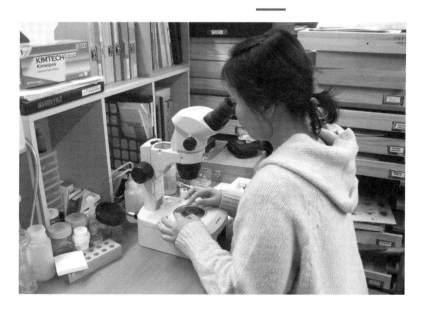

숲속의 세밀화가 _ 국립수목원

세밀화를 그리는 나는 식물을 연구하는 모두와 연결돼 있는 동시에, 언제나 독립된 개체였다. 하루는 나자식물 도감에 들어갈 잣나무를 그리다가, 또 그 이튿날은 사초과 연구원이 발견한 사초과 신종을 그리고, 그날 오후엔 지난주에 그리다 만 소리쟁이*Rumex* sp. 신종을 그린다. 그림을 그리기 전후로는 늘 해당 분류군의 연구원들과 함께한다. 그러다 그림 그리는 시간으로 되돌아오면, 다시 그림에 집중한다. 먼저 동료와 함께 식물을 관찰하고 이야기를 나눈 후 그림을 그리면, 완성된 그림을 보고 다시 함께 관찰한다. 수정할 곳은 수정하고, 더 수정할 곳이 없으면 담당자에게 그림을 넘겨준다. 그러면 연구 논문에, 도감에 내 그림이 실린다. 하나의 숲이나 다름없는 연구실에서 내 존재는 그들과 매개하는 어느 작은 곤충이거나, 새로이 발견된 신종식물 같았다.

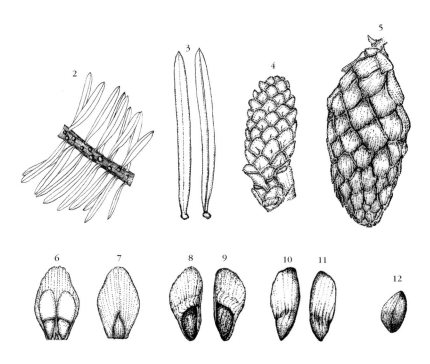

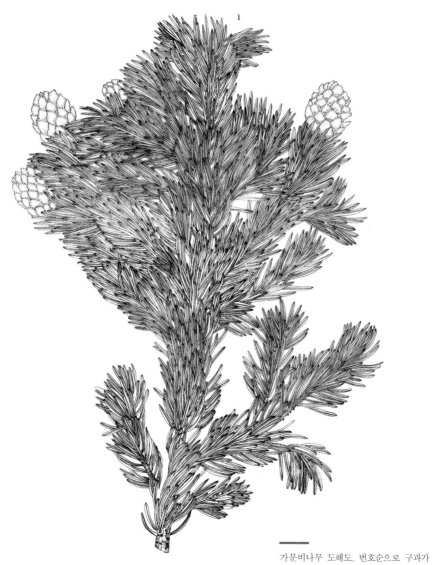

가문비나무 도해도. 번호순으로 구과가
달린 가지, 잎(2~3), 수꽃, 구과, 포(6~7),
열매조각(8~11), 씨앗.

국립수목원은 우리나라 정부 기관 중 식물세밀화의 필요성을 처음으로 인지하여 세밀화 작업을 제도화하고, 세밀화를 수집해온 곳이기에 식물세밀화의 역할에 긍정적인 기관이다. 그런 만큼 식물세밀화의 가치를 이해하는 연구자가 대부분이었다. 하지만 식물세밀화가가 정확히 무슨 일을 하는지, 왜 식물을 사진이 아닌 그림으로 기록해야 하는지를 이해하지 못하는 이들도 없지 않았다. 우리나라에서는 모든 것이 처음이자 시작인 식물세밀화. 사람들은 세밀화를 낯설게 바라보듯 나를 바라보기도 했다. 신종을 발견했지만 신종인지 아닌지, 어느 분류군에 속한 것인지 관찰 중이라 발표를 미루고 두고 보듯이.

그 안에서 나는 늘 '자원화 연구'를 하듯 존재감을 내비쳐야 했다. 우리나라에 자생하는 식물이 앞으로 얼마나 쓸모 있을지 연구하는 것처럼, 식물세밀화가 얼마나 중요한 데이터인지를 끊임없이 증명하는 것, 혹은 곤충이나 버섯 같은 다른 생물들 사이에서 어떤 영향을 주고받고 숲을 이루어갈지를 연구하는 것이 식물세밀화를 그리는 작업 외에 내가 해야 할 역할이었다. 나는 이따금 큐왕립식물원이나 뉴욕식물원에서 만든 식물세밀화 영상을 동료들에게 보내기도 하고, 식물세밀화로 가방이나 손수건을 만들어 학회나 심포지엄 상품으로 내놓고 '식물세밀화에는 이런 경제적 가치도 있습니다!' 하고 보여주곤 했다.

한국의 상사화속 특산식물 다섯 종. 왼쪽부터 위도상사화, 흰상사화, 제주상사화, 진노랑상사화, 붉노랑상사화.

웅장하고 오래된 구과식물

수목원에서 내가 가장 오랫동안 관찰하고 기록한 분류군은 구과식물이다. 수목원에서는 아직 자료가 부족한 식물군부터 순차적으로 연구해 한국 자생식물 데이터베이스를 구축하면서 '한국 식물도감' 시리즈를 제작했는데, 그 일환으로 양치식물과 벼과식물에 이어 구과식물 도감을 준비 중이었다. 이 연구는 '우리나라 구과식물의 분류학적 재검토'라는 4년짜리 연구 과제였고, 나는 여기에 들어갈 구과식물을 그렸다.

4년은 생각보다 짧은 시간이었다. 우리나라에 자생하거나 도입된 구과식물은 40여 종이니, 대강 계산해보아도 4년 동안 40여 종의 식물을 그리려면 1년간 10종을 그려야 했다. 뿐만 아니라, 그 기간에 진행되는 다른 연구 과제들의 식물세밀화 작업도 병행해야 한다. 한 해 동안 이들이 변화하는 모습을 꾸준히 정밀하게 지켜보고 기록하는 일은 생각보다 빠듯했다.

연구자들이 늘 불만이었던 건, 한 과제를 심도 있게 다뤄보고 싶은데 연구할 시간이 부족하다는 점이었다. 한 사람이 평생 한 식물군만 연구하기도 벅찬데, 서너 명이서 짧게는 3년, 길게는 7년 동안 우리나라에 자생하는 각 분야의 식물 개체를 조사하고, 전국의 연구자들과 함께 이를 수집·관찰하여 보편적인 형태 특징을 찾아내 데이터화한다는 건 결코 쉬운 일이 아니다. 게다가 연구자들도 여러 연구 과제를 동시에 진행하느라 다들 늦게까지 조사실에 남아 있는 일이 많았다. 해가 지면 수목원은 온통 어두컴컴해지지만, 우리 조사실에서는 언제나 빛이 새어나오곤 했다.

다양한 구과식물 잎의 액침 표본. 액침 표본으로 만들어두면 색은 변하지만 형태가 그대로 유지되어 나중에 꺼내 현미경으로 관찰하거나 그림을 그릴 때 유용하다.

사람들이 국립수목원에서 어떤 식물을 특히 주의 깊게 봐야 하는지를 물으면, 나는 대개 전나무 숲과 솔송나무 군락, 그리고 육림호 근처의 커다란 가문비나무 등 주로 침엽수림을 추천한다. 다른 수목원에서는 볼 수 없는 웅장함과 풍요로움, 그리고 어딘가 한국적인 아름다움을 자랑하는 국립수목원과 광릉숲의 배경엔 소나무와 전나무 같은 침엽수, 그리고 구과식물이 있다.

수목원에는 관목원이나 수생식물원, 양치식물원, 비비추원 등 특정 분류군으로 조성된 전시원이나 어린이정원같이 우리나라에 처음 만들어져 화제가 된 특수 전시원도 있지만, 본래 500년 된 숲이었던 만큼 국내에서 흔히 볼 수 없는 거대한 구과식물이 우거져 있다. 한반도 대부분의 숲에 자생하는 소나무와 전

수목원의 침엽수원에는 구과식물이 많다. 자생종인 전나무, 소나무부터 우리나라에서 흔히 볼 수 없는 외래종인 캐나다솔송나무-*Tsuga canadensis* Carriére, 일본오엽송-*Pinus parviflora* var. *pentaphylla* (Mayr) A. Henry 등도 식재되어 있다.

나무, 그리고 편백, 화백, 측백나무, 향나무 등이 여기에 속한다. 구과식물은 지구에서 가장 오래된 나무들로, 아직 연구가 많이 이뤄지지 않은 분류군이다.

아이러니였다. 한국을 대표하는 식물이자 우리 산림의 5분의 1을 차지하는 소나무, 그리고 전 세계에서 우리나라에만 자생하는 특산식물인 구상나무. 우리 숲에서 가장 많이 사는 이 구과식물들이 정작 한국 연구자에 의해서는 많이 연구되지 않았다는 게. 연구가 미진하다 보니 이들 나무에 대한 그림 기록 또한 전무하거나, 있다 해도 일본 학자에 의해 그려진 것뿐이다.

붉은 열매가 달린 주목

Taxus cuspidata Siebold & Zucc.

나는 대체로 사무실에 앉아 그림을 그리는 일이 많았지만, 채집 봉투와 내 키보다 더 기다란 채집 가위를 들고 전나무 숲과 솔송나무 정원, 외국 식물원 등을 누비고 다니기도 했다. 어디선가 육림호 앞 눈향나무*Juniperus chinensis* var. *sargentii* A. Henry에 열매가 맺혔다는 소식을 들으면 분류학자인 동료들과 함께 열매를 관찰하러 갔다. 잣나무 구과와 열매를 채집할 때면, 싱싱한 씨앗의 맛이 어떨지 먹어보고픈 욕심이 들 때도 있었다.

수꽃이 달린 개비자나무
Cephalotaxus koreana Nakai.

숲속의 세밀화가 _ 국립수목원

구과식물 도감을 준비하면서 수목원의 연구자들이 특히 주목했던 식물은 구상나무*Abies Koreana* E. H. Wilson와 분비나무 *Abies nephrolepis* (Trautv. ex Maxim.) Maxim.였다. 나와 함께 나자식물 도감을 준비하는 연구원에게 사람들은 "구상나무랑 분비나무 차이점 찾았어?"라고 말하는 게 인사였다. 구상나무와 분비나무는 형태가 비슷하지만 구상나무는 특산식물이고, 분비나무는 동북아 곳곳에서 흔히 자생하는 나무다. 생긴 게 비슷해도 구상나무라면 세계 어디에도 없는 귀한 식물이고, 분비나무라면 평범한 자생식물인 셈이다. 아무래도 구상나무가 세계적으로 한반도에서만 자생하는 식물이니, 한국 식물학자가 연구해야 하는 건 분명해 보인다. 하지만 아직 이들의 형태적 차이점은 밝혀지지 않았고, 학자마다 주장하는 바가 다르다. 어느 학자들은 구상나무의 구과 포가 더 뒤집어졌다고 말하는가 하면,● 구상나무와 분비나무가 한 종이라고 주장하는 학자들도 있다. 이 주장대로라면 특산식물 한 종이 사라지는 셈이니, 어떤 이들은 민감한 이야기를 하기 꺼리기도 한다.

구상나무를 그릴 때는 더 다양한 개체를 관찰해야 했기에 표본실에도 더 자주 드나들었다. 구과식물은 제1표본실에 있었다. 비밀번호를 누르고 표본실 문을 열면 늘 쾌쾌한, 오래된 식물들의 냄새가 났다. 죽었지만 완전히 죽지는 않은 생물들의 냄새.

불을 켜고, 사방을 가로막고 있는 거대한 표본장들을 이리저리 옮겨 구상나무가 있는 'ㄱ'장을 찾고 캐비닛을 열면, 선배 연구자들이 우리나라 곳곳에서 채집한 구상나무 표본이 쌓여 있었다. 수분이 다 빠져 색이 변한 채, 흰 종이에 실이나 테이프로 고정된 구상나무 생체들. 라벨에 쓰인 날짜가 오래된 표본일수록

● 나는 표본실의 표본들과 한라산 구상나무 군락에서 직접 채집한 생체 등을 순차적으로 관찰해 스케치했다. 스케치를 하며 보니, 어떤 개체는 분비나무보다 포가 덜 뒤집어져 있고, 또 어떤 개체는 포가 더 뒤집어져 있었다. 구상나무가 분비나무보다 포가 더 뒤집어졌다는 이야기는 틀린 것 같았다. 나중에 밝혀진 연구 결과에 따르면, 포의 뒤집어짐은 생태적 특징으로 구상나무 중에도 벌어진 것과 그렇지 않은 것이 있어 포 뒤집어짐이 특징이 되기는 어렵다고 한다. 결국 결정적인 형태 차이는 밝혀내지 못했지만, 기존에 무성하던 두 종에 대한 소문은 정리된 셈이다. 구상나무와 분비나무에 관한 연구는 현재도 진행 중이다.

———
한국의 특산식물인 구상나무.

종이와 테이프는 노랬다. 표본이 훼손될까 조심조심 꺼내 하나하나 들춰보노라면, 표본을 좋은 상태로 오래 보존하기 위한 표본관의 낮은 온·습도에 코끝이 시렸다. 그즈음이면 더 자세히 살펴볼 여지가 있는 중요한 표본들을 챙겨 나와 연구실에서 종일 현미경으로 들여다보곤 했다.

관찰하느라 얼굴을 표본 가까이에 대면 표본실에서 맡았던 쾨쾨한 냄새가 더 짙게 풍겼다. 구과식물의 냄새를 떠올리면 편백, 화백의 상쾌한 향기보다는 표본실의 쾨쾨한 냄새가 기억난다. 나는 왠지 그 냄새가 싫지 않았다. 오래돼 쾨쾨하면 쾨쾨할수록, 표본의 종이가 노라면 노랄수록 더 귀한 자료라는 걸 잘 알기 때문이다.

구과식물들은 대체로 나보다 키가 훨씬 더 컸다. 앞에 '눈' 자가 붙은 눈향나무, 눈잣나무 *Pinus pumila* (Pall.) Regel와 같은 '누운' 나무를 제외하고는 모두 그랬다. 잣나무, 전나무, 편백, 화백 등. 그래서 숲에 가면 늘 그들을 올려다보아야 했다. 나와는 비교할 수 없을 만큼 웅장하고 거대한 나무. 그 크기만큼 오랫동안 살아온 생명. 빼곡히 들어찬 구과식물들 아래서 나는 아무것도 모르는, 아주 작고 연약한 생물일 뿐이었다.

나무를 올려다볼 때, 나무에 달라붙어 루페로 수피를 들여다볼 때, 팔을 뻗어 내 키보다 더 긴 가위로 가지 하나를 자를 때, 그리고 바닥에 떨어진 잘린 나뭇가지를 발견하고는 달려가 그것을 소중히 채집 봉투에 넣을 때, 나는 이 나무에 달라붙어 영양분을 먹고 살아가는 버섯 혹은 꽃가루를 수분하는 곤충과 다를 바 없었다.

1

개비자나무 도해도. 번호순으로 수꽃이 달린 가지, 잎, 수꽃(3~4), 암꽃, 열매(구과).

숲에서 실험실로 돌아올 때는 언제나 내가 나무에 매개해 살아가는 하나의 작은 동물일 뿐이라는 생각에 사로잡혔다. 구과식물들을 그릴 때면 늘 기죽은 채로 실험실에 들어와서는, 조용히 현미경으로 채집한 가지를 관찰하고 죽은 듯 그림을 그렸다.

막 학부를 졸업하고 열정과 패기에 가득 차 도시에서 숲으로 들어온 20대 중반의 내가 하필 이 거대한 침엽수들을 만난 게 우연이 아니라면, 아마도 이들이 내게 가르쳐주려던 건 '식물 하는 사람'이 자연 앞에서 가져야 할 겸손함은 아니었을까 생각한다.

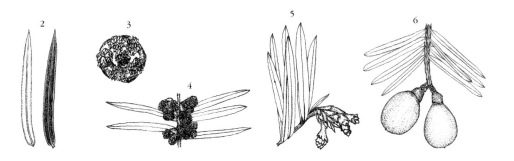

숲속의 세밀화가 _ 국립수목원

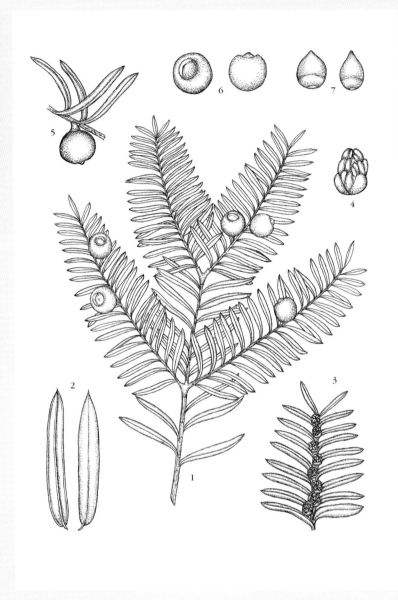

주목 도해도. 번호순으로 열매가 달린 가
지, 잎, 수꽃(3~4), 열매(5~6), 씨앗.

4년 동안 나는 우리나라에 자생하는 구과식물을 모두 그렸고, 이 기록은 한 권의 도감으로 나왔다. 그렇다고 도감이 최종적으로 완성된 건 아니다. 지금까지의 연구 결과를 모은 것일 뿐이니까. 연구는 갱신되고, 앞으로 더 많은 연구가 진행되면 수정해야 할 것도, 추가해야 할 것도 생길 것이다. 분명한 건 그들을 찾아다닌 숲에서의 걸음만큼, 펜촉에 묻은 잉크만큼 그 식물을 이해하게 되었다는 사실이다.

구과식물을 그리던 그때 내 뒷자리 사초과를 연구하던 연구원은 지금 대전의 한 과학관에서, 함께 나자식물 도감을 제작했던 연구원은 낙동강 유역의 연구소에서, 귀화식물을 연구하던 옆자리의 연구원은 비무장지대DMZ의 수목원에서 식물을 연구한다. 2000년대 후반, 손에 꼽을 정도로 적었던 식물 연구기관은 5년 사이에 전국 곳곳에 생겨났고, 국립수목원이라는 같은 연구실이자 숲에 머물렀던 우리는 서로 다른 숲으로 흩어져 각자의 숲을 일구고 있다. 광릉숲에 유일하게 자생하던 식물이 번식해 우리 산과 들 곳곳을 메우게 된 것처럼 말이다.

신종식물과 같았던 식물세밀화도 몇 년 사이 많은 사람에게 알려졌고, 그 '자원화 가능성'에 꽤 많은 이가 공감하기 시작했다. 거대한 구과식물에 기죽었던 나는 구과식물과 대비되는 조그마한 풀들을 그리며 자신감을 되찾아가고 있다. 지금 나는 수목원을 나와 더 새롭고 다양한 사람들과 매개하며 식물을 그림으로 기록하고, 그들에 대해 이야기한다. 지금 있는 이곳이 내가 원하던 더 넓고 큰 숲인지, 그게 아니라면 내가 원하던 숲에 이르기까지 얼마나 남았는지는 알 수 없지만, 그런 건 알지 못해도 상관없다. 서두르지도 않을 것이다. 언제 어디서든 꿋꿋하게, 그리고 묵묵히 주어진 일을 하며 생장하다 보면 언젠간 내가 원하는 곳까지 씨앗을 퍼뜨리고, 뿌리도 저만치 내뻗을 수 있다는 것을 광릉숲의 식물들로부터 배웠기 때문이다.

들풀의
아름다움

하코네숲생화원

공터의 식물들

내 작업실 뒤엔 조그마한 공터가 있다. 그 옆에는 주차장이 만들어지면서 심긴 당단풍나무 *Acer pseudosieboldianum* (Pax) Kom.와 잣나무, 서양자두나무 *Prunus domestica* L., 그리고 얼마 전 아빠가 심은 조그마한 소나무 몇 그루가 살고 있다. 풀은 한 번도 심은 적이 없지만, 앞으로 흐르는 하천 주변에 꽤 다양한 생물이 서식하고 있어 그곳으로부터 번식한 풀들이 이 작은 공간에서 해마다 오밀조밀 꽃을 피우고 열매를 맺는다.

다들 그냥 지나쳐버리는 공터이지만, 그사이에도 다종다양하고 어여쁜 들꽃이 피어난다. 서양민들레 *Taraxacum officinale* Weber, 냉이, 씀바귀, 괭이밥 *Oxalis corniculata* L., 쑥부터 시작해 제비꽃, 꽃마리 *Trigonotis peduncularis* (Trevir.) Benth. ex Hemsl., 나팔꽃, 닭의장풀 *Commelina communis* L., 딱지꽃 *Potentilla chinensis* Ser. 등이 차례로 피고 진다. 나는 언젠가부터 이들을 한 종 한 종 기록하고자 좀더 자세히 관찰하고 채집해 스케치하고 있다.

멀리서 '노란 꽃이네' 하며 지나쳤던 식물들은, 무릎을 굽히고 고개를 숙여 자세히 들여다보는 순간 '씀바귀' '괭이밥' '나도냉이 *Barbarea orthoceras* Ledeb.' '서양민들레' 등 고유한 이름을 가진 식물이 되고, 나는 그만큼 더 다채로운 아름다움을 경험한다. 사람들은 그저 지나치고 마는 공터가, 내게는 기록해야 할 식물이 너무도 많아, 다 그리기조차 버거운 정원이 되었다.

공터의 식물들은 봄부터 가을까지 연이어 꽃을 피운다. 원예학을 공부하며 화려하고 풍성한 원예 품종들을 주로 보고 지낸 내가 산과 들의 자생식물을 들여다보기 시작한 건 국립수목원에 들어가면서부터다. 우리나라 자생식물을 주로 연구하는 기관인 만큼, 이곳에서 자연스레 자생식물의 매력에 빠져들었다.

위부터 2017년 4월 28일, 2017년 8월 6일, 2017년 8월
21일, 2017년 9월 4일에 찍은 사진.

한국의 자생식물

　내가 처음으로 관찰해 그리기 시작한 식물은 수목원 내 에코로드에 있는 식물들이었다. 에코로드는 습지로 이루어진 질퍽한 땅 위에 나무 통로를 만들어놓은 길이었다. 길을 따라 자연스레 자라난 풀과 나무는 계절마다 차례로 꽃을 피우고 열매를 맺으며 다채로운 풍경을 보여주었다. 현호색 *Corydalis remota* Fisch. ex Maxim.과 제비꽃, 국수나무, 피나물 *Hylomecon vernalis* Maxim.부터 동의나물 Caltha palustris L.과 꿩의비름 *Hylotelephium erythrostictum* (Miq.) H. Ohba, 으름덩굴 *Akebia quinata* (Houtt.) Decne.이 자라고, 온갖 버섯과 곤충이 모여 살아가는 곳이었다.

　보라색의 동그랗고 작은 꽃을 피우는 으름덩굴은 보통 열매를 식용하는데, 사실 꽃도 동글동글한 게 매우 귀엽다. 노란 동의나물과 피나물 군락, 그리고 군데군데 하나씩 피어나는 형광 주황색의 동자꽃은 내게 자생식물이 원예식물 못지않게 아름답다는 걸 알려준 고마운 식물들이다.

인간에 의해 변형·증식되어 재배·이용되는 원예식물에게 책임감을 느끼듯, 나는 자생식물에게도 비슷한 책임감을 느끼곤 한다. 자생식물들을 가장 잘 기록할 수 있는 이는 바로 그들을 가까이서 보고 사는 우리이고, 이들의 존재와 가치를 알릴 수 있는 이 역시 식물을 연구하고 기록하는 이 땅의 식물학자이기 때문이다. 그들을 그림으로 기록하는 건 지금 이 시대를 사는 이곳의 식물세밀화가가 해야 할 역할이다.

우리나라는 이제 막 본격적으로 자생식물들을 기록하고 연구하기 시작했다. 동시에 그 식물 종들을 자원화하기 위한 연구도 활발히 진행 중이다. 자원화란 식물의 잠재적 효용을 연구하여 우리가 이용할 자원으로 만드는 일이다. 대개 식물에 어떤 약용 효과가 있는지 혹은 식용 가능성이 있는지, 그리고 관상용 식물로서 가치가 있는지 등을 연구한다. 이러한 연구는 곧 식물에 이용 가치를 부여하는 일이고, 그래서 종 보존 차원에서도 중요하다. 사람들은 우리에게 유용한 식물을 좋은 식물, 소중한 식물로 여기기 때문이다. 자원화의 요건인 유전적 다양성이나 활용 가치는 자생식물이 월등하다.

식물학자들은 아름다운 자생식물을 관상용으로 활용할 수 있도록 식물원과 수목원에 식재하거나, 홍보 행사에서 소개하기도 한다. 최근에는 박람회나 가든쇼를 통해 자생식물을 정원에 심고 기를 수 있도록 적극적으로 알리고 있다. 관련 기관의 이런 노력과 더불어 궁극적으로 중요한 건, 우리가 자생식물의 소중함을, 그들의 아름다움을 진심으로 느끼는 일이다.

하지만 사람들은 산과 들에서 늘 보아온 식물은 진부하게 여기고, 크고 화려한 아열대나 열대 원산의 식물을 더 아름답다고 생각한다. 일본의 하코네습생화원은 그런 고정관념을 깨주는 곳이다. 이곳에 가면 덥고 추운 동북아 지역에 자생하는 소박하고 잔잔한 식물이 얼마나 멋진 정원식물이 될 수 있는지를 보고 느낄 수 있다.

일본의 꽃뜰에서

도쿄 신주쿠에서 급행열차를 타고 두어 시간을 달리면 하코네에 도착한다. 그곳에서 또 버스를 타고 30분쯤 산을 오르고 올라 버스에서 내린 뒤, 다시 10분 정도 걸으면 하코네습생화원이다. 그렇게 먼 길을 달려 화원에 도착하니, 생각보다 꽤 많은 관람객이 보였다. 이렇게 많은 사람이 외진 곳까지 식물을 보러 왔다는 사실이 놀라웠다.

하코네습생화원은 1976년 방치된 논을 습지로 복원해 조성한 곳으로, 이곳에는 200여 종의 습생식물 외에도 1100여 종의 고산식물과 그 외 일본의 자생식물 등 모두 1700여 종의 식물이 식재돼 있다. 식물들은 3월부터 11월까지 끊임없이 꽃을 피우고 열매를 맺는다. 그래서 아주 추운 겨울을 제외하고는 어느 때고 다양한 꽃과 열매를 볼 수 있다.

얼레지*Erythronium japonicum* (Balrer) Decne., 앉은부채*Symplocarpus renifolius* Schott ex Miq., 새우난초*Calanthe discolor* Lindl., 하늘매발톱*Aquilegia japonica* Nakai & H. Hara, 제비붓꽃*Iris laevigata* Fisch., 개연꽃*Nuphar japonicum* DC., 노랑어리연꽃 *Nymphoides peltata* (J.G.Gmelin) Kuntze, 꽃창포*Iris ensata* var. *spontanea* (Makino) Nakai, 털부처꽃*Lythrum salicaria* L., 도라지, 숫잔대*Lobelia sessilifolia* Lamb., 술패랭이꽃 *Dianthus longicalyx* Miq., 백양꽃*Lycoris sanguinea var. koreana* (Nakai) T.Koyama, 오이풀 *Sanguisorba officinalis* L., 용담*Gentiana scabra* Bunge, 산비장이*Serratula coronata* L. subsp. *insularis* (Iljin) Kitam., 물옥잠화, 마타리*Patrinia scabiosifolia* Fisch. ex Trevir. 등 이 봄부터 가을까지 꽃을 피운다.

하코네습생화원에서 본 꽃들. 왼쪽부터 일본참나리*Lilium leichtlinii var. tigrinum*, 렉티폴리아비비추*Hosta rectifolia* Nakai, 달맞이꽃*Oenothera biennis* L., 노루오줌*Astilbe rubra* Hook.f. & Thomson, 중취모당귀*Angelica pubescens* Maxim., 술패랭이꽃, 산꼬리풀*Veronica rotunda var. petiolata*.

산중턱 습지에 만들어진 하코네습생화원은 긴 에코로드를 따라 산책하는 코스로 이루어져 있다. 나무가 우거진 초입새를 지나면 건너편 산봉우리가 배경으로 펼쳐진 너른 들판을 가로질러 걷게 된다. 연둣빛 들판에 노랗고 하얀 들풀이 띄엄띄엄 혹은 군락을 이루어 자연스럽게 피어 있는 모습은, 이제껏 내가 본 동북아 자생 풀들의 생태 모습 가운데 가장 아름다웠다.

일본과 가깝고 기후도 비슷한 편인 우리나라는 식생도 대체로 비슷하다. 하지만 그런 가운데도 차이가 있다. 언뜻 보기엔 한국에서도 본 식물 같지만, 종은 모두 다르다. 내가 다녀온 7월엔 땅나리*Lilium callosum* Siebold & Zucc.와 비슷한 나리속*Lilium*의 일본참나리, 금불초속*Inula*의 수국금불초*Inula ciliaris* Matsum., 비비추속*Hosta*의 렉티폴리아비비추 등이 여기저기 만개해 있었다. 물론 꽃창포, 동자꽃, 노루오줌, 달맞이꽃, 맥문동*Liriope platyphylla* F.T.Wang & T.Tang, 흰제비란 *Platanthera hologlottis* Maxim., 도라지, 석산*Lycoris radiata* (L'Hér.) Herb.처럼 한국에 자생하는 풀들도 보였다. 연두색 잎 사이에서 노란색, 보라색, 흰색 꽃들이 피어난 모습은 전 세계 어느 유명 가든쇼에서 보았던 정원보다도 더 아름다웠다. 선조들이 가장 아름다운 정원으로 뒷동산을 떠올린 이유가 이것이었을까?

들풀의 아름다움 _ 하코네습생화원

이상하게도, 나는 일본에서 우리나라의 뒷동산을 떠올렸다. 자연을 손안에 넣고 싶어하는 일본의 정원과 반대로, 오히려 자연 안으로 들어가고자 했던 한국의 정원이 떠오르는 풍경이었다. 자연이 만든 있는 그대로의 모습으로 이루어진 '자연스러운' 정원. 꽃 색의 조화나 분포는 우리 인간이 만든 여느 정원과는 차원이 다른 아름다움이었다.

그 아름다움을 발견해 그곳에 나무로 길을 만들고, 어떤 인위적인 가감도 하지 않은 채 꾸밈없는 자연 그대로를 보여주기로 한 조성가들의 안목에 존경을 표할 수밖에 없었다. 그 덕분에 매년 30만 명이 넘는 사람이 이곳을 찾는다. 무엇보다 중요한 건, 이곳에 다녀간 사람은 모두 일본 자생 들풀의 아름다움을 느끼고, 기억할 것이라는 사실이다.

우리가 한국의 자생식물에 흥미를 느끼지 못하는 건 어쩌면 그들을 자세히 들여다본 적이 없고, 그럴 기회를 가져본 적도 없기 때문일지 모른다. 그런 점에서 내 그림은 기록이 목적이지만, 사람들이 그것을 보고 '우리나라에 이렇게 아름다운 식물이 자란다니' 하며 한 번이라도 더 바라보고 이름을 불러주고 기억해준다면, 그것이야말로 기록 자체보다 더 가치 있는 일일 것이다.

가늘고 긴 줄기 위로 붉은 석산 꽃이 피어
보통의 들꽃 군락과는 다른 형태의 꽃밭
처럼 보인다.

작고 볼품없는 들풀?

하코네습생화원에서 붉은 석산 무리를 본 뒤, 한국에 돌아온 나는 진노랑상

사화*Lycoris chinensis* var. *sinuolata* K.H.Tae & S.C.Ko를 관찰해 스케치하기 시작했다.

이미 3년 전에 채집해 보관해둔 건조 표본과 액침 표본, 1차 스케치와 사진 등이

있었고, 일본에서 돌아왔을 때는 마침 진노랑상사화의 꽃이 만개한 무렵이었다.

진노랑상사화.

상사화는 수선화과의 상사화속 *Lycoris* 식물을 이른다. 우리나라에는 붉은 석산, 분홍색의 상사화 *Lycoris squamigera* Maxim., 백양꽃, 제주도에서 자생하는 제주상사화 *Lycoris chejuensis* K.H.Tae & S.C.Ko, 흰상사화 *Lycoris albiflora* Koidz., 위도상사화 *Lycoris uydoensis* M.Y.Kim, 붉노랑상사화 *Lycoris flavescens* M.Y.Kim & S.T.Lee, 그리고 내가 그린 진노랑상사화까지 모두 여덟 종의 상사화가 자생한다. 중요한 건 이중 다섯 종, 즉 위도상사화, 붉노랑상사화, 제주상사화, 백양꽃, 진노랑상사화는 전 세계에서 우리나라에만 자생하는 특산식물이라는 점이다.

나는 오로지 한국에서만 자생하는 '특산 상사화 컬렉션'을 기록하기로 하고 진노랑상사화부터 관찰하기 시작했다. 상사화는 보통의 들풀과는 자못 다르게 생겼다. 이들은 뿌리에서 잎이 바로 나오고, 잎이 지면 잎이 난 자리에서 기다란 줄기가 나와 거기에 바큇살 꼴의 꽃이 핀다. 뿌리에서 줄기가 나고, 줄기에서 잎이 나고 꽃이 피는 여느 들풀과는 다른 생장과정이다. 상사화相思花라는 이름도 잎과 꽃이 만나지 못해 상사병에 걸려서 지어졌다는 이야기가 있을 정도다.

지난봄 잎이 필 때 스케치를 해두었던 나는 꽃을 본격적으로 관찰하기 위해 일주일에 2, 3일씩 국립수목원 상사화 밭을 찾아가 이들을 관찰했다. 줄기는 모든 개체가 600밀리미터 이상으로 길었고, 꽃대 하나에 여섯 개의 꽃이 달렸다. 어떤 개체는 진노랑색, 어떤 개체는 연노랑색을 띠는 것을 봐서, 꽃 색은 환경 변이가 있었다. 이럴 때는 대표적인 하나의 색을 선택해 그려야 한다. 어떤 색을 선택할지는 그리는 이에게 달렸다.

노랗고 가장자리가 약간 쭈글쭈글한 꽃잎 속에선 자연스런 포물선을 그리는 연노랑 암술대가 나왔고, 그 주위를 갈색 수술들이 감싸고 있었다. 이들을 자로 재보았다. 크기가 꽤 커서, 꽃마리나 별꽃 같은 작은 들꽃의 길이 단위에 0이 하나 더 붙었다.

누가 우리나라 야생화를 소박하다고 한 거지? 우리가 늘 보는 수선화과 식물인 아마릴리스와 수선화, 군자란과 비등한 크기인데. 게다가 꽃의 화려함도 이들 못지않았다. 꽃다발용 절화와 정원식물로 유용하게 쓰이는 아마릴리스처럼, 이 진노랑상사화도 도시에서 원예식물로 이용할 가치가 충분해 보였다. 애초에 기록으로 남기기 위해 그림을 그리기 시작했지만, 우리 야생화에 대한 사람들의 고정관념을 깨고 싶은 마음이 생겼다.

진노랑상사화 꽃 해부 형질. 왼쪽부터 꽃,
꽃잎, 줄기(위), 씨방, 수술, 암술.

사람들에게 이 그림을 보여주자. 그러기 위해서는 채색을 해야겠다. 우선 길이가 길어 종이 한 페이지에 뿌리부터 꽃까지 모든 기관이 들어갈 수 없으니까, 잎과 꽃대를 따로 그리기로 하고, 스케치를 했다. 왼편에는 봄에 뿌리에서 잎이 나는 형태, 그리고 오른편에는 여름에 긴 꽃대로부터 여섯 개의 꽃이 피는 꽃차례를 겹쳐 그렸다. 그리고 꽃잎을 떼면 보이는 씨방과 수술, 암술을 확대해 빈 공간에 그려 넣었다. 수술은 모두 길이가 달랐는데 크게 둘로 나뉘었다. 꽃잎도 아래꽃잎과 위꽃잎의 형태 및 길이가 달랐다. 이럴 땐 두 유형을 모두 그려야 한다.

스케치를 마치고 그림을 보니 왼쪽 면은 봄, 오른쪽은 여름으로 종이 한 장에 식물의 계절 변화가 확연히 드러났다. 연필과 물감으로 채색을 할 때는 같은 노란 꽃을 가진 개나리나 피나물, 동의나물과는 다른 진노랑상사화만의 쨍한 노란색이 잘 드러나도록 했다.

식물을 그리면서 내게는 색을 식물로 표현하는 버릇이 생겼다. 그냥 '노란색' '진한 노란색'이 아닌 '피나물 꽃잎 색' 혹은 '매자나무 꽃잎 색'처럼 모든 색을 식물에 빗대어 표현하는 나를 볼 때마다 주변 사람들도, 나도 놀라곤 한다. 내가 이렇게 식물 중심적으로 생각하고 산다니. 하지만 그만큼 정확한 색 표현도 없지 않을까? 식물로 표현하지 못할 색은 없고, 모든 이미지의 시작은 자연이니 말이다.

그렇게 진노랑상사화 그림은 완성되었고, 나는 계속해서 특산 상사화들을 관찰하러 갈 생각이다. 한편으로 이렇게 몇 년에 걸쳐 한 종을 관찰하고 그리다가는 언제 이 컬렉션을 완성할 수 있을까 싶기도 하지만, 이렇게 하나하나 천천히 집중해가며 기록했을 때 비로소 한 장의 식물세밀화가 완성된다는 사실을 나는 이미 잘 알고 있다.

Lycoris chinensis var. *sinuolata* K.H.Tae & S.C.Ko

1. Bulb and leaf 2-3. Inflorescence 4. Stem section 5. Flower 6. Ovary 7-8. Flowerleaves
9-10. Stamen 11. Pistil

진노랑상사화 그림. 번호순으로 뿌리에 달
린 잎, 꽃 전체, 꽃차례, 줄기 단면, 피기 전
의 꽃, 씨방, 꽃잎(7~8), 수술(9~10), 암술.

원예가의
손길

베를린다렘식물원

노르웨이의 식물들

매화꽃이 질 무렵, 노르웨이의 한 스튜디오에서 연락이 왔다. 여름에 서울에서 열리는 국제 비엔날레의 전시 프로젝트에 세밀화가 필요하다고. 비엔날레 주제는 '식량 부족'이고, 노르웨이의 식량 자원이 되는 생물들을 세밀화로 그려 네 벽을 채울 것이라고 했다. 전시가 끝나면 노르웨이에서 그림을 소장하고, 후에 노르웨이 곳곳에서 전시할 예정이라고도.

내게 노르웨이는 스발바르국제종자저장고가 있는 나라다. 인류 최후의 날을 위해 지구상의 씨앗들을 어떤 자연재해에도 끄떡없는 곳에 수집해 연구하는 기관이 있는 나라. 저장고에는 대개 인류가 식량으로 이용하는 식물의 씨앗이 있다. 이렇게 세계적으로 손꼽히는 연구기관을 만들 정도로 식물과 식량 문제에 관심을 가진 곳이 바로 노르웨이다.

나는 그림 작업을 통해 노르웨이가 어떻게, 얼마나 식물을 연구하는지를 좀더 구체적으로 알고 싶었고, 무엇보다 지구온난화로 한대식물들이 사라져가는 지금, 추운 나라로 손꼽히는 노르웨이에는 어떤 자생식물들이 있는지가 궁금했다. 문제는 작업 방식과 일정이었다. 노르웨이에서 채집한 표본 및 사진 자료를 제공받아, 약 4개월간 100종의 생물을 그려야 한다고 했다. 나는 세밀화를 그리려면 생체를 직접 봐야 한다고, 그러지 않으면 채색을 할 수 없다고 했다. 기간도 너무 짧았다. 100종의 생물을 그려야 한다니. 불가능한 일이었다. 결국 서로 양보해 식물 70종을 포함한 생물 90여 종을 그리되, 직접 노르웨이에 가지 않아도 표본을 보고 그릴 수 있는 흑백 그림으로 작업하기로 했다.

그들이 보내온 표본에선 노르웨이의 차가운 공기가 느껴지는 듯했다. 우리나라에도 있는 향나무를 그릴 때는 매번 보던 같은 종의 향나무인데도 어쩐지 낯설었다. 표본이 상할세라 핀셋으로 조심히 잎을 떼고, 현미경으로 관찰했다. 렌즈에 가득 찬 향나무의 연초록색 잎을 보며, 나는 잠시 동안 노르웨이의 숲을 느낄 수 있었다. 이토록 뾰족하고 가느다란 잎을 가진 향나무가 있는 곳은 시린

추위가 늘 서려 있는 숲일 것이다.

노르웨이 자생식물에는 향나무나 서양민들레처럼 우리나라에서도 볼 수 있는 종이 있는가 하면, 소나무속, 자작나무속, 참나무속 등도 있고, 이 종들의 가족뻘 되는 다른 종도 있었다. 그리고 전혀 본 적이 없는 낯선 식물 종도 있었다. 식물들은 예상대로 (우리나라의 한대식물들처럼) 잎이 얇고, 꽃이 작거나 화려하지 않은 게 대부분이었다.

늦봄부터 초여름까지 내내 노르웨이에서 온 식물들과 씨름했다. 그들을 관찰하는 동안 나는 세찬 바람이 부는 노르웨이의 허허벌판에서 느릅나무를 보기도, 춥고 습한 늪지대를 넘어 청나래고사리*Matteuccia struthiopteris* (L.) Tod.를 발견하기도 했다. 종이처럼 납작해진 2차원의 식물을 통해, 나는 그곳의 날씨와 땅과 하늘을 상상할 수 있었다.

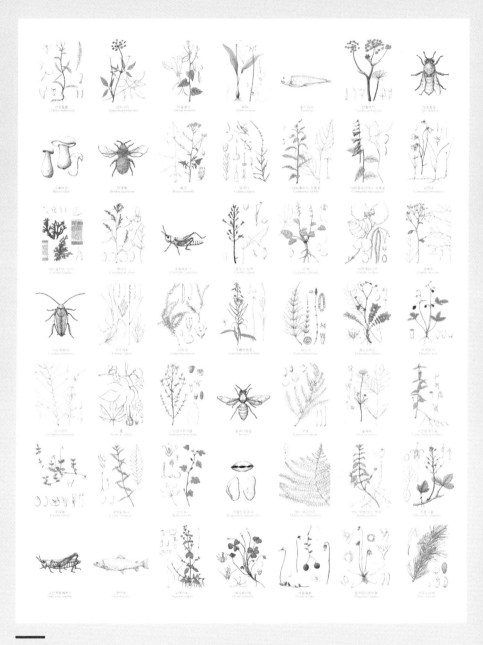

서울비엔날레 노르웨이 전시
'도시식량도감' 포스터에 들어간 그림.

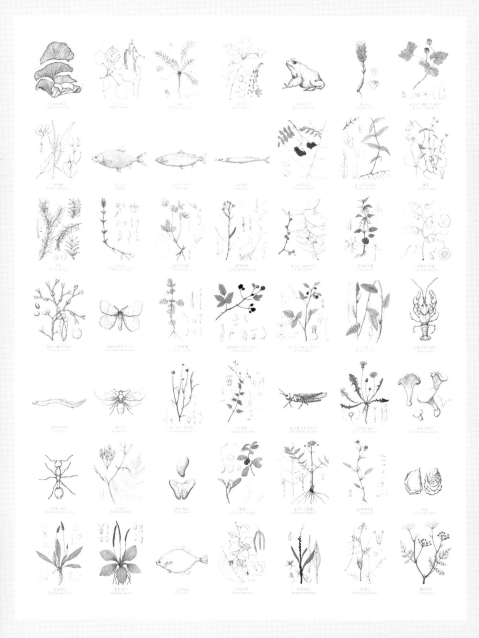

식물 이름 제대로 쓰기

세밀화 작업이 모두 끝나고 막바지 전시 준비로, 노르웨이의 식물 이름을 한국어로 옮겼으니 전문가에게 부탁해 확인해달라는 요청을 받았다. 내 일은 아니지만, 그들은 한국어 이름을 모르니 한 번 더 확인해달라는 것이었다. 그런데 확인해보니 대부분 틀린 이름이었다. 유럽자작나무*Betula pubescens* Ehrh.는 그냥 자작나무로 되어 있고, 로브참나무*Quercus robur* L.는 그냥 참나무였다. 또 대개는 속명이 국명을 채우고 있었다. 자작나무와 유럽자작나무는 전혀 다른 종으로, 유럽자작나무는 자작나무보다 수고樹高가 높고, 잎의 모양과 꽃의 형태도 다르다. 사람으로 치면 이름난에 '김' '이' '박'처럼 성만 적혀 있거나, 내 초상화 아래 내 이름 '이소영'이 아닌 내 동생의 이름 '이성영'이 들어가 있는 것이나 다름없다.

이런 오류는 소설이나 시에서도 흔히 발견된다. 서양 문학작품에는 '너도밤나무'가 많이 등장한다. 그러나 유럽에서 부르는 너도밤나무*Fagus sylvatica* L.와 우리나라에서 부르는 너도밤나무*Fagus engleriana* Seemen ex Diels는 엄연히 다른 종이다. 유럽의 너도밤나무는 '유럽너도밤나무'라고 부르는 것이 정확하다.

식물명을 정확히 쓰는 건 사소해 보이지만 식물을 대하는 데 있어 가장 기본적이고 중요한 일이다. 그래서 나는 식물을 하는 사람들, 식물을 다루는 기관과 장소에서 그 기본적이고 중요한 일을 충실히 해내는지를 유심히 본다. 학명의 속명과 종소명을 이탤릭체로 쓴 글과 책, 명명자까지 충실히 표기한 식물원의 이름표를 보면서 만족을 느낀다. 그동안 세계 곳곳에서 탁월한 디자인의 아름답고 희귀한 식물 이름표를 많이 봐왔지만, 독일 베를린다렘식물원의 한 이름표가 유난히 기억에 남는 건 이 때문이다.

식물원과 정원의 차이는 이름표의 있고 없음이다. 이름표가 있으면 식물원, 없으면 정원이라고 할 수 있다. 이름표에는 식물의 이름 외에도 관리 번호가 적혀 있다. 이름표가 있다는 건 식물을 연구 대상으로서 관리하고 있음을 의미한다.

그래서 이름표는 식물원의 연구 형태를 집약적으로 보여주는 중요한 부분이다.

내가 반한 다렘식물원의 이름표는 흰 바탕에 지저분하리만큼 수정에 수정을 거듭한 모양새를 하고 있었다. 서체가 예쁜 것도, 전체적인 디자인이 조화로운 것도 아니다. 다만 처음에 적은 이름을 지속적으로 추가·수정한 흔적이 역력하다. 꾸준히 종 관리를 해왔다는 뜻이다. 속명과 종명만 적힌 학명에 (쓸 자리가 모자라도) 명명자를 작은 글씨로 추가하고, 독일명만 적혀 있던 곳에 더 많은 사람이 알아볼 수 있도록 영문명을 적어놓기도 했다. 나는 이 이름표 앞에서 감탄했다. '그래, 이거지. 이렇게 해야지.'

자리가 부족해 적기 어려웠을 텐데도 명명자와 영문명이 추가로 기록되어 있고 관리 체계가 중간에 바뀌었는지 관리 번호에도 수정 흔적이 있다. 이름표를 이렇게 꼼꼼히 수정한다는 건 그만큼 연구자에 의해 전시원의 식물들이 철저히 관리되고 있음을 의미한다.

다렘식물원의 이름표들.

시작은 식물을 자세히 들여다보는 것

대학생이던 나는 현장에서 직접 원예 일을 경험해보고 싶었고, 국립수목원에 현장 실습을 신청해 아직 개장 전이던 열대식물자원연구센터에서 한 달간 일을 배웠다. 이 온실은 만들어진 지 얼마 안 된 신축 온실이었고, 열대 및 아열대 지방에서 자라는 식물들이 식재되어 있었다. 신축 온실이다 보니 당연히 식물들 또한 식재된 지 얼마 안 된 것들이었다. 선인장은 키가 무릎까지밖에 안 되었고, 잎 넓은 관엽식물은 대부분 연둣빛을 띠었다. 아직 개관도 하지 않은 온실이었지만 물을 주고, 고사지(죽은 가지와 잎)를 정리하고, 비료를 주는 기본적인 일부터 식물을 심거나 이동시키는 일까지 나는 이 온실에서 식물이 살아가는 데 필요한 일들을 했다.

내가 현장 실습을 했던 국립수목원 열대 식물자원연구센터의 내부 모습. 아직 식재된 지 얼마 되지 않아 식물들의 키가 작다.

다렘식물원의 다육식물 온실.

열대식물자원연구센터의 식물은 모두 독일의 다렘식물원으로부터 기증받은 것이었다. 독일은 영국과 더불어 식물 연구 역사가 깊은 나라다. 다렘식물원 역시 세계 곳곳의 식물을 수집해 식물원에서 기르며 연구하고 전시해왔다. 다렘식물원의 식물들은 자생지에서 채집된 이력이 분명했고, 그런 점에서 국립수목원 온실에 식재될 만했다.

꼼꼼히 그들을 관리하는 원예가 덕에 온실의 식물들은 무럭무럭 자랐다. 언젠가는 시들한 고무나무 잎이 보여 나를 포함한 세 명의 관리자가 그 주변에 모여 고개를 맞대고 잎을 들여다보며 만지작거렸다. 가만히 살펴보던 고참 원예가는 햇볕을 너무 많이 쬔 탓인 것 같다고 했다. 잠시 그늘막을 씌웠더니 잎은 다시 생생해졌다.

"그걸 어떻게 알았어요?" 내가 물었다.

식물의 고사지를 정리하는 다렘식물원의 원예가.

"응? 식물을 자세히 들여다봐. 보면 거기에 답이 있어."

현장 실습이 끝난 후에도 나는 종종 온실 식물들에 대한 소식을 들었다. 어느 날은 식물을 관리하는 원예가가 관리법을 더 자세히 배우러 다렘식물원에 출장을 갔다는 소식이, 또 어느 날은 다렘식물원의 원예가들이 기증된 식물이 잘 생장하는지 보러 이 온실을 찾았다는 소식이 들려왔다.

내가 다렘식물원을 찾은 계절은 가을이었다. 가을에 땅을 고르는 것으로 보아 가을에서 겨울 사이에 심어 봄에 꽃을 피우는 추식구근류(튤립, 무스카리, 수선화 등)를 식재하기 위한 작업인 듯했다.

짧은 일정으로 독일에 들르게 된 나는 망설임 없이 다렘식물원으로 향했다. 내가 다렘식물원에 방문한 날은 월요일이었다. 식물원의 월요일은 주말 동안 관람객들을 맞이한 뒤 식물과 시설을 재정비하고 새로이 일주일을 시작하는 날이다. 그러니 원예가에게는 가장 바쁜 날이기도 하다. 식물원 입구에 들어서려는데, 정문 앞에서 땅을 고르는 원예가들이 보였다.

식물원 원예가의 일은 개인 정원이나 채소밭, 과수밭에서 일하는 원예가의 일과는 조금 다르다. 원예가들은 식물원에 방문하는 관람객들에게 흙탕물이 튀지 않도록 길을 고르거나, 고랑에 흙을 옮기거나, 이름표를 만든다. 나무가 바람에 흔들리거나 쓰러져 관람객들에게 해가 되지 않도록 위험한 나무에 미리 표시를 해두거나 가지를 잘라주는가 하면, 파충류나 포유류가 많이 서식하는 곳에 경고문을 걸기도 한다. 이름표를 걸기 위해선 전시되어 있는 식물 개체 하나하나에 번호를 매겨 관리해야 하는데, 이들을 관리하는 것도 원예가의 몫이다. 어쩌면 식물과 식물원에 온 관람객을 모두 관찰해야 하는 막중한 임무를 지고 있다고 할 수 있다.

원예가가 잠시 자리를 비운 곳에 남아 있는 원예 도구들.

원예가의 손길 _ 베를린다렘식물원

인위적으로 세계 곳곳의 식물을 식재한
온실 및 그 주변 정원과는 달리 자연스러
운 숲의 형태로 형성된 정원. 우리나라에
서는 볼 수 없는 전형적인 유럽 활엽수림
과 침엽수림 풍경이다.

꽤 오랜 시간을 걸어 온실들이 보이는 널찍한 들판에 이르렀다. 관람객의 동선을 유도하는 큰 야자나무를 옮기려 몇 사람이 서 있는 게 보였다. 땅에 식재된 것이 아니어서, 트랙터를 동원해 나무를 화분째 옮기고 있었다. 그 옆에선 두 명의 원예가가 정원의 시든 줄기와 잎을 정리하는 중이었다. 시든 잎은 땅에 떨어져 저절로 썩기도 하지만, 썩기 전까지 가지와 줄기에 붙어 다른 잎이 흡수할 수분과 영양분을 가져간다. 미관상 좋지 않아 보통은 잘라주거나 떼어낸다. 단순하고 쉬워 보이지만, 식물은 매일 생장하고 시든 잎과 줄기는 끊임없이 나온다. 정리는 해도 해도 끝이 없고, 종일 허리를 굽혔다 폈다 하다 보면 원예 일이란 결코 쉬운 일이 아님을 뼈저리게 느낀다.

거대한 화분에 식재되어 있는 야자나무를 옮기기 위해 트랙터가 동원됐다.(위) 야외 정원에 식물을 식재하는 원예가의 모습도 보인다.

다렘식물원에는 세계 최대 규모의 온실 중 하나인 주온실이 있다. 주온실은 중앙 온실을 중심으로 여러 기후대의 온실이 가지처럼 연결되어 있다. 다양한 기후대의 식물이 있어 이 온실만 돌아보아도 지구상의 식물들을 두루 볼 수 있다.

야외 정원에 비해 온실에는 꽤 많은 관람객이 있었다. 어린아이들은 미모사 앞에서 손가락으로 잎을 건드려보고, 움직이는 걸 보며 신기해한다. 어떤 가족은 벌레잡이식물 앞에서 식물이 먹은 곤충을 들여다보고 있다.

자극을 받으면 잎을 오무리는 미모사가 신기한지 자꾸만 잎을 건드려보는 아이.

식물이 다양한 만큼, 원예가의 모습도 각양각색이다. 틸란드시아와 브로멜리아가 천장 가득 달린 온실 한가운데선 저 높이 리프트에 오른 원예가가 보였다. 틸란드시아는 흙 없이 공기 중에서 살 수 있는 식물이기에 대개 공중에 매달려 생장한다. 그런 틸란드시아에 물을 주고, 시든 잎을 떼어내고, 위치를 잡아주기 위해선 리프트를 타고 틸란드시아가 있는 천장까지 올라가야 한다. 이런 일은 큰 나무가 많은 라틴아메리카와 남아프리카 등지에선 흔한 일이다.

큰 나무가 거의 없고, 풀도 작은 우리나라에선 원예가가 높은 곳에 올라갈 일이 거의 없지만, 아열대 기후의 나라에선 사정이 다르다. 고소공포증이 있으면 원예가가 되기 힘들다는 이야기도 들린다. 식물세밀화를 그리기 위해 산을 타는 것처럼, 원예를 하기 위해서는 리프트를 타야 하는 걸까?

온종일 식물원을 거닐며 곳곳의 원예가들을 관찰했다. 그들은 땅을 고르고, 거기에 어떤 식물을 심을지 설계하고, 씨앗이나 모종을 구하고, 식물을 심은 후엔 제대로 성장할 수 있도록 때맞춰 물을 주며, 시든 잎이 다른 잎의 생장을 방해하지 않도록 잘라내고 다듬는다. 식물의 생장에 방해가 되는 잡초를 뽑아내기도, 열매를 맺으면 채종하여 씨앗을 수집하거나 잎과 줄기, 뿌리를 잘라 다시 심어 번식시키기도 한다. 그러면서 식물의 형태 반응을 살피고, 그들이 살아가는 데 필요한 일을 한다.

식물을 향한 원예가의 시선과 손길로부터 어쩐지 나는 식물세밀화가의 모습을 본다. 식물을 유심히, 꾸준히 들여다보는 것. 식물 그림을 그리는 일과 닮았다. 무언가를 자세히 들여다보는 일은 곧 사랑하는 마음, 이해하고자 하는 마음에서 시작되기 때문이다.

틸란드시아는 자생지에서 공중에 매달려
생장하기 때문에, 온실에서도 공중에 매
달아 관리된다. 리프트를 다고 틸란드시아
고사지를 정리하는 원예가.

살아 있는
식물도감

고치현립마키노식물원

산 잘 타요?

"산 잘 타요?" 대학을 졸업하고 들어간 직장에서 내가 처음 받은 질문이었다. 식물 그리러 온 사람한테 "그림 잘 그리나요?"나 "식물 잘 아세요?"도 아니고, 산을 잘 타느냐니. 처음엔 의아했지만, 식물을 그릴수록 그 질문을 자꾸만 되새기게 된다. 식물이 있는 곳에 직접 가는 일이야말로 식물세밀화가의 중요한 임무 중 하나라는 사실을 깨달은 지는 얼마 되지 않았다.

식물세밀화를 그리려면 늘 식물이 있는 곳으로 가야 한다. 산에도, 들에도, 식물원에도. 우리나라에 없는 종이면 외국으로도 나간다. 식물을 자세히 관찰하기 위해서는 개체가 필요하다. 그리고 그 개체를 구하는 일은 식물세밀화가의 몫이다. 때에 따라 다른 이가 채집한 생체나 공수한 표본을 받아 그리기도 하지만, 자생지에서의 생태 모습을 보고 그린 것과 그러지 못한 그림에는 차이가 나기 마련이다. 그렇다 보니 대개는 직접 자생지에 가 식물의 생태를 관찰하고 채집하는 편이다.

개체 하나로 식물 한 종을 그릴 수 있을까? 식물 한 종을 그리려면 식물이 생육하는 전 과정에 걸쳐 뿌리와 줄기, 가지, 잎, 꽃, 열매 등 모든 부위가 필요하고, 나무의 경우엔 수피, 겨울눈 등도 모두 기록되어야 한다. 그런데 식물은 이 부위를 한번에 보여주는 법이 없다. 초봄이면 뿌리에서 줄기가 자라기 시작해 잎이 나고, 여름이면 꽃이 피고, 가을이면 열매를 맺고, 겨울이면 겨울눈을 드러낸다. 한 장의 그림에는 식물의 이 긴 삶이 담긴다.

6월의 열매들.

한데 자연의 일이란 누구도 예측할 수 없어, 꽃이 피고 열매가 맺히는 시기가 내 예상처럼 일정치 않다. 언제 꽃이 피고 열매가 질지 모르니 그 시기를 놓칠세라 최대한 자주, 오랫동안 그 식물의 생육과정을 지켜봐야 한다. 그러다 보면 한 종의 식물을 그리기 위해 수십 번 그 식물을 찾게 된다.

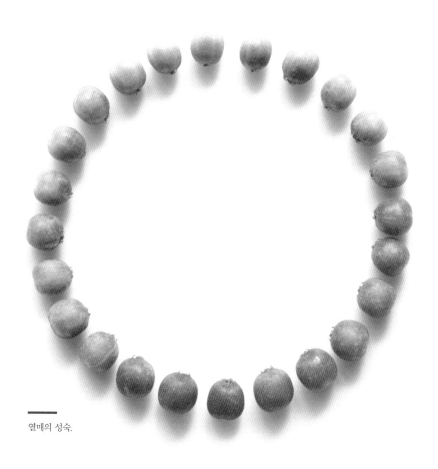

열매의 성숙.

식물학 그림은 하나의 개체가 아닌 종의 보편적 특성을 그려내야 하는 작업이다. 그러니 최대한 많은 자생지에서 다양한 개체를 관찰해야 한다. 한 종의 식물을 제대로 그리려면, 그 종이 자생하는 곳 어디든—한라산에도, 지리산에도, 혹은 중국 어드메라도 기꺼이 찾아가야 한다. 수집한 식물을 책상에 두고 의자에 앉아 그림을 그리기 시작하면 한나절에서 며칠 안에 그림은 완성된다. 그런데 종이를 펴고 펜에 잉크를 묻히기까지 준비를 하는 데 꼬박 1년 혹은 그 이상의 시간이 걸리는 것이다.

또 그림을 완성했다고 그걸로 끝이 아니다. 시간이 지나 더 많은 개체를 보고 기존의 연구에서 잘못된 부분이 있다면 과감히 수정해 다시 그려야 한다. 식물에 집중한 시간만큼, 식물을 찾아 나선 걸음만큼 그림도 더 정확해진다.

식물을 조사하러 갔다가 나무에 기생해 사는 버섯들을 발견하는 일도 흔하다. 몇 해 전, 이렇게 수집한 버섯을 그림으로 기록하기도 했다.

식물의 존재가 세상에 알려지는 순간

2015년 한 연구자가 울릉도에 조사를 갔다가 신종으로 추정되는 식물을 발견했다며 나를 실험실로 불렀다. 그는 웃으며 신문지 사이에서 보통의 바늘꽃보다 훨씬 더 기다란 그 식물을 꺼내 보여주었다. 울릉도에서 발견한 바늘꽃속 *Epilobium* 신종이니 발표에 필요한 그림을 그려달라면서. 나는 자생지에서의 모습을 찍은 사진들과 건조 표본, 생생히 보존된 생체, 그리고 꽃이 들어 있는 액침 표본들을 주섬주섬 챙겨 와 그림을 그렸다. 그리기 전에는 국내외 바늘꽃속 논문들을 살펴봤다. 이 종은 기존에 알려진 바늘꽃속 식물들보다 훨씬 더 큰 종이면서, 암술머리의 모양이 네 갈래로 갈라지는 게 특징이었다. '큰바늘꽃 *Epilobium hirsutum* L.'은 이미 있으니, 이 식물의 이름은 뭐라고 지어질지 궁금해하며 설레는 마음으로 관찰했다.

세상에 알려지지 않은, 존재했지만 그 존재를 알지 못했던, 이름 없는 신종식물을 그릴 때는 유난히 펜을 든 손이 무겁다. 경건하고 조심스런 마음으로 선을 긋게 된다. 내 그림으로 이들의 존재가 세상에 알려진다는 사실, 그리고 내 그림이 영원히 남을 이 종의 첫 그림 기록이라는 사실이 마음을 겸허하게 만든다.

며칠을 관찰해 그린 그림을 연구자에게 보냈다. 물론 이것으로 그림이 완성된 건 아니다. 2년간 수없이 수정을 거듭했다. 그로부터 또 1년 후, 기억에서 잠시 잊힐 때쯤 드디어 그림과 함께 식물이 학회에 발표되었다는 소식을 접했다. 여느 날처럼 산에서 식물 조사를 하다 잠깐 바닥에 앉아 휴대전화로 인터넷을 하며 쉬어 갈 때, 그 뉴스를 보았다. 식물 이름을 가장 먼저 찾았다. '울릉바늘꽃 *Epilobium ulleungensis* J. M. Chung'이었다. 우리나라 울릉도에서 발견된 바늘꽃. 학명의 종소명은 울릉엔시스, 명명자 자리엔 내게 그림을 그려달라고 한 연구자 이름이 쓰여 있었다.

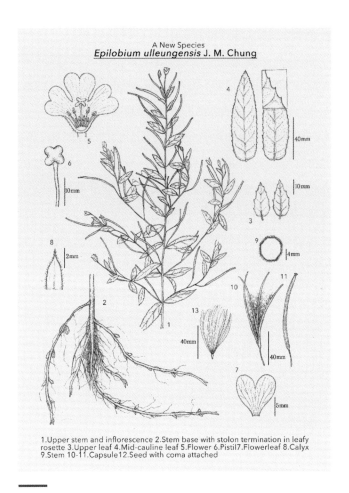

A New Species
Epilobium ulleungensis J. M. Chung

1.Upper stem and inflorescence 2.Stem base with stolon termination in leafy rosette 3.Upper leaf 4.Mid-cauline leaf 5.Flower 6.Pistil7.Flowerleaf 8.Calyx 9.Stem 10-11.Capsule12.Seed with coma attached

2017년에 발표된 우리나라 신종식물 울릉바늘꽃의 도해도.

　사람들에게 식물이 알려지는 순간 내 작업은 비로소 끝이 나지만, 식물과 인간의 관계는 이것이 시작이다. 또 다른 자생지가 있는지, 이 식물에게는 어떤 쓰임새가 있는지 연구되고, 또 증식되어 원예 시장에 나올 수도, 언젠가 내가 집에서 이 울릉바늘꽃을 키우게 될지도 모른다. 내가 그린 이 식물이 먼 훗날 그렇게 내게 다시 찾아온다면 어떤 느낌일까.

가장 식물세밀화다운 식물세밀화

내 이런 상상을 이미 현실에서 수없이 경험한 식물학자가 있다. 일본의 식물학자 마키노 도미타로牧野富太郞다. 마키노는 일본의 대표적인 식물학자이자, 식물세밀화가다. 그는 발견한 식물을 모두 직접 그림으로 그려 발표했고, 그가 발견한 식물들은 나중에 일본뿐만 아니라 세계 각지에서 원예식물로 널리 이용되었다.

식물학자는 자신이 발견하거나 육종한 식물에 이름을 붙이고, 그 식물이 기존 식물과 어떤 점이 다른지 특징을 밝혀 기록한다. 기록에는 기재문을 쓰거나, 식물세밀화를 그리거나, 표본을 만들거나, 사진을 찍어두는 방법 등이 있다. 글을 잘 쓴다거나 그림을 잘 그린다거나 표본을 잘 만든다거나 사진을 잘 찍는다거나…… 무엇 하나에라도 특출난 재능이 있다면, 식물학자에게는 큰 장점이다. 특히 산과 들에서 새로운 식물을 발견했을 때 다른 이에게 부탁하지 않고 제대로 된 기재문을 작성할 줄 알고, 식물을 해부하고 관찰해 그릴 줄 안다면 아마 가장 이상적인 식물학자일 것이다.

마키노 도미타로는 그림에 재능이 있는 식물학자였다.(물론 그가 그린 식물세밀화의 구도와 배치를 보면, 그에게 사진기를 쥐어줬어도 잘 찍었을 것이다.) 그는 일본 방방곡곡을 다니며 발견한 식물을 관찰하고, 이름을 붙이고, 글과 그림으로 기록했으며, 일본의 수많은 식물에 처음으로 학명을 붙였다. 자신이 발견해 명명한 식물을 포함해 일본의 뭇 자생식물을 그림으로 기록해 『일본 식물도감日本植物誌』을 완성하기도 했다. 그의 도감 시리즈는 1940년에 초판이 나온 뒤, 1955년 기존 도감에 들어가지 않은 식물을 추가해 재출간되었다. 언젠가 도쿄의 한 중고서점 책장 구석에서 마키노의 1955년판 도감을 발견했을 때 뛸듯이 기뻤던 기억이 있다.

고치현립마키노식물원의 마키노 동상.

그가 태어난 고치현에는 그의 이름을 딴 고치현립마키노식물원이 있다. 식물
세밀화를 그리는 사람이라면 마키노식물원에 한번 가볼 만하다는 이야기를 듣
고 나중에 꼭 가봐야지 생각했지만, 그 조그마한 도시에 가볼 기회가 없었다. 그
러다 우연히 마키노 식물 그림 특별전 전시 홍보를 보게 된 나는, 그 나중이 지
금이란 생각에 마키노식물원으로 향했다.

마키노식물원의 아열대 온실 풍경.

고치현은 조용하고 여유로운 소도시였다. 식물원은 시내에서 몇 킬로미터 거리의, 그리 멀지 않은 산등성에 자리하고 있었다. 나는 고치에 머무르는 3일 동안 매일 아침 식물원에 들러 한국에서 못한 일들을 하면서, 그림 전시를 보고 식물을 구경한 뒤 오후 늦게야 숙소로 돌아왔다.

산속에 지어진 마키노식물원은 자생식물에 둘러싸여 있다. 정원 곳곳엔 마키노가 일본의 산과 들을 헤매며 발견해 이름을 붙이고 그림으로 기록한 식물들이 식재돼 있었다. 식물원은 그야말로 한 권의 마키노 식물도감 같았다.

마키노식물원에서 볼 수 있는 다양한 일본 자생식물. 큰털머위*Farfugium japonicum* var. *giganteum*, 백야국*Chrysanthemum japonense* (Makino) Nakai, 구찌뽕의 일종인 *Maclura conchinchinensis* var. *gerontogea*, 쑥부쟁이의 일종인 *Aster hispidus* Thunb. var. insularis (Makino) Okuyama.

내가 이곳을 찾은 건 늦겨울이었다. 대부분의 식물이 제 모습을 갖추기 전이었지만, 식물마다 마키노의 그림이 그려진 이름표가 걸려 있었고, 그 덕에 이들이 한창 꽃을 피우고 열매를 맺었을 때의 모습을 상상하며 바라볼 수 있었다. 살아 있는 마키노 도감을 걷는 기분이었다.

식물에는 마키노의 그림이 그려진 안내판이 세워져 있다.

마키노의 기록물로 완성된 리플릿과 기념
품. 마키노가 남긴 그림 기록은 연구 기록
물로서도 중요하지만, 상품 디자인으로도
활용되어 식물원의 수익에도 도움을 준다.

식물원을 이루는 모든 요소는 마키노의 기록물로 이루어져 있었는데, 식물의
이름표, 식물원 상점에서 판매되는 상품들, 리플릿, 전시 작품 등 모두 마키노
의 식물 그림을 활용한 것이었다.

용어의 문제

우리나라는 해방 이후 식물 연구가 본격화되면서 식물세밀화와 기재문, 표본과 같은 기록물 또한 최근에 와서야 제대로 수집되기 시작했다. 반면 독일과 영국, 미국처럼 식물 연구가 수백 년 전부터 이어져온 나라에서는 식물세밀화도 오랫동안 수집되었다. 지금은 기록으로서의 식물세밀화를 넘어, 미술품 내지 인테리어 소품으로서의 식물세밀화도 널리 제작되며, 세밀화 관련 교육, 전시도 활발하다. 이 형태가 그대로 전해져 지금은 국내에서도 식물학을 위한 기록용 식물세밀화와 예술작품으로서의 식물세밀화가 혼재한다. 하지만 여전히 기록물조차 턱없이 부족한 한국은, 이제야 기록물을 수집하기 시작한 만큼 본질에 좀더 집중하며 나아갈 필요가 있다.

우리나라는 연구기관에서 전시 및 상품 제작에 활용할 식물세밀화가 부족한 형편이다. 그래서 기록물로서의 식물세밀화와 별개로 전시용, 상품용 그림을 수집하기도 한다. 그러다 보면 식물세밀화는 점점 기록 목적이 아닌 디자인 용도가 주를 이루게 된다. 과학적 기록이 아닌 그림에 익숙해진 사람들은 쉽게 식물세밀화를 사진이나 다른 이가 그린 그림을 보고 그릴 수 있으리라고 생각하기도 한다. 이러한 혼란은 식물세밀화라는 용어로부터 빚어졌다.

세밀細密이란 단어는 식물학 그림에 어울리지 않는다. 내가 그리는 식물 그림은 식물의 보편적이고 일반적인 특징은 확대하고 강조하되, 식물 개체의 환경 변이와 같이 종의 특징이 아닌 면은 축소하는 해부도로, 세밀화란 용어를 들었을 때 연상되는 극사실주의적 그림이 아니다. 영어의 botanical art, botanical illustration은 직역하면 '식물학 미술' 내지 '식물학 그림'이라고 할 수 있다. 우리와 같은 한자문화권이면서, 오래전부터 식물 문화가 발달했던 일본과 중국에서조차 '세밀'이란 단어를 쓰지 않는다. 보통 도해도, 도해화, 해부화, 식물화 등으로 불린다. 식물세밀화도 메디컬일러스트 등 다른 과학 일러스트처럼 보태니컬일러스트 혹은 식물학 그림이라고 불러야 한다.

물론 오늘날 식물학 그림은 작가의 기술로 아름다움이 더해지는 데 큰 의미를 두기도 한다. 그렇지만 식물이란 굳이 더 아름답게 그리지 않아도 그 자체로 충분히 아름다운 존재라는 사실을 잊어선 안 된다. 아름다움을 의식하다 기록으로서의 정확성을 놓치기 쉽다. 또한 과학적 그림으로서 식물학 그림의 배치와 구도, 스케일바, 추가로 기록되는 텍스트 등도 용도를 뛰어 넘는 매력 요소가 될 수 있다. 마키노의 그림은 궁극적인 목표인 '기록'에 충실한 그림이 시간이 지나도 빛을 발하는 작품이 될 수 있음을 보여준다.

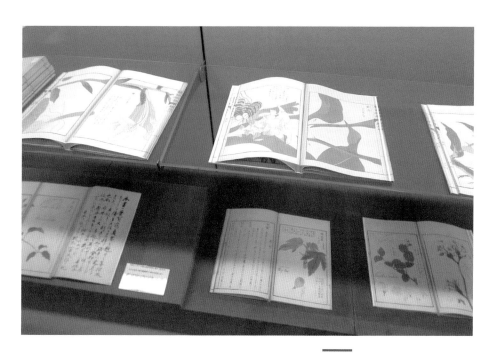

일본 고문서에 기록된 식물 그림들. 이 기록으로 당대의 자생식물, 당시 사람들이 이용한 식물을 알 수 있다.

전시장에서는 마키노가 그린 식물학 그림의 완성본은 물론 그가 남긴 스케치와 수많은 수정본도 만나볼 수 있었다. 그의 그림에선 '이 식물을 나만큼 아는 사람은 없다'는 자신감이 엿보였다. 흔들림 없는 선과 명암, 지우개로 지우거나 틀린 흔적조차 없는 완벽한 배치와 구도, 보기 좋은 배율로 그려낸 미세 구조들에선 기록하는 이의 결단력 같은 것이 느껴졌다. 그것은 수없이 산과 들에 올라 무수한 개체를 관찰하고 수집해서 밤낮으로 해부한 노력의 결과였다.

생전 마키노 작업실을 재현한 공간. 액자
에 걸린 사진이 마키노다.

특별 전시가 열리는 전시장과 박물관에는 마키노의 그림뿐 아니라, 그가 식물을 연구하는 과정에서 사용한 도구와 남긴 기록, 최후의 결과물인 도감도 함께 전시되어 있었다. 또 한쪽에는 마키노의 방을 재현한 공간도 마련해놓았다. 방에는 식물을 건조하기 위한 신문지가 앉은키만큼 쌓인 채 발 디딜 곳 없이 가득했다. 자그마한 나무 책상에는 책과 펜, 돋보기 등 식물을 관찰하고 기록할 때 쓰는 도구가 즐비했다. 마키노는 그것들에 둘러싸여 책상 위에 머리를 콕 박은 채 돋보기로 식물을 관찰하고, 느티나무*Zelkova serrata* (Thunb.) Makino의 이름도 지었겠지. 그리고 저 역사적인 그림들을 남겼을 것이다.

그는 그림을 완성한 뒤에도 나중에 수정할 사항이 생기면 과감히 붉은 펜으로 X 표를 긋고 새로 그림을 그렸다. 그렇게 식물 한 종, 한 종마다 수십 년에 걸쳐 수정에 수정을 거듭하며 숱한 그림을 남겼다.

마키노는 지속적으로 그림을 수정하면서 판화의 원리로 원본의 일부를 언제든 수정할 수 있고, 많은 복사본을 제작할 수 있는 자신만의 인쇄 기술을 발명하기도 했다. 당시 그가 발명한 기술은 오늘날 식물학 그림 작가들이 식물을 얼마나 잘 그릴 수 있는가를 넘어 원화를 고품질로 복제·보존하기 위해 스캔 기술을 연구하는 것과 닮아 있다. 그는 한 세기 전에 이미 이런 일을 해왔던 것이다.

마키노식물원에 다녀온 뒤, 계절이 바뀐 초여름에 도쿄 근교의 마키노메모리얼가든에서 마키노의 식물 그림 전시가 열린다는 소식을 들었다. 그곳을 찾아 마키노의 그림들을 다시 보았다. 여전히 '이 식물이 이렇게 생겼구나'라는 생각이 든다. 내가 아는 한 가장 식물학 그림다운 식물학 그림이다.

식물의 삶,
생강과 벌레잡이식물

싱가포르식물원

기관, 식물의 삶

식물세밀화에는 식물의 모든 부위가 담겨 있다. 뿌리와 줄기, 잎, 꽃, 열매, 그리고 수피, 겨울눈과 같은 기관이 그림 한 장에 모두 기록된다. 나는 이 기관들을 관찰하기 위해 매일 숲으로 간다. 식물이 뿌리부터 열매, 겨울눈까지 한꺼번에 보여준다면, 단 한 번만 만나도 되겠지만, 모두 순차적으로 등장하기 때문에 이 기관들을 다 기록하려면 적어도 1년은 식물을 관찰해야 한다. 기관이란 곧 식물의 어느 한순간이다. 그 기관들이 모여 식물의 삶을 이룬다.

『세밀화집, 허브』를 냈을 때, 사람들은 내게 "마늘도 꽃이 피네요" "인삼도 열매가 있네요" 같은 말을 했다. 일상에서 늘 접하는 식물이지만, 우리는 좀처럼 그들의 온전한 모습을 보지 못한다. 필요한 기관만 머릿속에서 편집해 보아왔으니, 그들도 꽃을 피우고, 열매를 맺고, 씨앗이 다시 새로운 개체로 태어나는 생물임을 잘 인식하지 못할 때가 많다. 우리가 늘상 먹는 마늘, 파, 양파는 모두 식물 개체의 한 기관, 뿌리다. 또 깨는 참깨, 들깨 등의 식물에 달리는 열매 속에 든 작은 씨앗이고, 깻잎은 그 식물들의 잎사귀다.(깻잎과 깨가 전혀 다른 식물인 줄 아는 사람도 있지만.)

식물의 삶을 관찰하다 보면, 눈에 보이는 모습은 그 식물의 삶에서 지극히 일순간의 장면이라는 것, 뿌리나 열매 같은 기관은 생의 어느 순간을 보여줄 뿐이라는 걸 알게 된다. 그들에게는 더 복잡하고 다양한 부위와 기관이 있다. 마침맞은 환경에서 그 모든 기관이 유연하게 순환할 때, 비로소 식물의 삶은 완성된다.

서울식물원의 나아갈 방향을 모색하는 심포지엄. 전 세계에서 서울을 찾은 전문가들은 각자가 몸담은 식물원과 수목원에 대한 이야기를 들려주었다. 미주리식물원, 오스트레일리아식물원, 상하이천산식물원에서 온 연구원들이 발표를 이어갔고, 마지막은 싱가포르식물원 차례였다. 싱가포르식물원에 대한 자부심, 종 보존 노력에 관한 발표가 돋보였다.

그해 나는 생강과 식물을 기록하기 위해 싱가포르로 떠났다. 싱가포르식물원은 싱가포르가 영국의 통치하에 있던 1859년 발족했다고 한다. 싱가포르의 원시 정원을 바탕으로 3000여 종의 식물을 식재해 정원을 조성했다. 유서 깊은 식물 연구사를 자랑하는 영국의 식민지였던 만큼, 싱가포르의 다양한 식물 자원은 영국의 식물학을 만나 방대한 기록과 식물 문화로 탄생했다. 동남아시아의 식물 연구는 싱가포르에 크게 의존한다. 싱가포르식물원은 유네스코 세계문화유산으로 지정되어 있기도 하다.

싱가포르식물원의 한대 온실로 가는 길. 지금은 리모델링되어 이 모습을 볼 수 없다.

생강 정원

싱가포르식물원 역시 다른 식물원과 마찬가지로 특화된 분야가 있다. 난과, 야자나무과가 세계적으로 손꼽히고, 대나무과나 생강과 등도 특별히 볼 만하다. 몇 해간 생강 종을 기록해오던 나는 생강속*Zingiber* 식물을 기록하러 이곳을 찾았다.

우리가 요리에 이용하는 생강은 생강속의 한 종이다. 생강속 식물은 많은 종이 열대 아시아 원산으로, 싱가포르 곳곳에서 자생한다. 싱가포르식물원에는 다양한 생강 종이 식재된 정원이 있고, 관련 연구와 수집 또한 활발하다. 이곳에서라면 익숙한 뿌리는 물론 잘 관리된 잎과 꽃, 열매의 모습을 볼 수 있을 것 같았다.

생강 정원에는 싱가포르뿐 아니라 전 세계에 분포한 생강과*Zingiberales* 식물들이 식재되어 있었다. 이곳의 첫 디렉터였던 H. L. 리들리와 세 번째 디렉터 R. E. 홀텀은 싱가포르에서 두 종의 자생 생강을 처음 발견해 명명했는가 하면, 코뿔새생강*Hedychium longicornutum* Griff. ex Baker과 황금생강*Zingiber chrysostachys* Ridl.을 비롯해 싱가포르를 포함한 동남아시아의 다양한 생강 종을 발견해 이름을 붙이기도 했다. 또한 이들은 직접 식물세밀화가를 채용해 자신들이 발견한 생강과 식물들을 그림으로 남겼다. 그들이 기록한 그림은 이곳 표본관에 소장되어 있다.

생강 정원 입구에는 생강과 식물들이 벽에 그려져 있다. 싱가포르식물원에서는 우리가 집에서 키우던 드라세나의 꽃과 열매, 생강과 강황의 잎, 바나나의 꽃도 볼 수 있다.

생강과 식물의 다양한 잎 색과 무늬.

　우리는 주로 뿌리를 식용해왔지만, 사실 생강과 식물은 오래전부터 관엽식물로 이용됐을 정도로 잎이 크고 화려하다. 이들도 여느 관엽식물처럼 종에 따라 잎의 무늬와 색이 다른데, 진녹색 잎에 중간맥을 중심으로 흰 선이 사선으로 촘촘하게 그어진 종, 붉은 선이 선명한 종, 선이 중간맥에서 직각 방향으로 나아가는 잎맥을 가진 종도 있다.

생강과 식물은 6~8월에 꽃이 만개해 그 때 가장 아름답다. 하지만 내가 찾은 3월 에도 대부분의 식물이 꽃을 피우고 있었 다. 굳이 꽃을 보지 않아도 잎만으로 충분 히 아름답지만.

꽃은 다른 아열대식물처럼 붉거나 노란 것이 많았다. 식물에겐 각각 이름표가 걸려 있고, 이름표에는 꽃 사진이 함께 붙어 있다. 사진은 실제 모습과 놀랍도록 흡사하다.

나는 사진을 찍고, 연필로 스케치한 후 마카펜으로 색을 표시하며 생강 정원 의 식물을 스케치했다. 스케치가 끝나면 식물원 안에 있는 도서관에 가서 생강 속 식물 관련 책들을 쌓아놓고 보았다. 그때만큼은 한국에 돌아오지 않고 이곳 의 아열대식물을 그리고 공부하며 살고 싶다는 생각이 들었다. 내가 그린 생강 그림들이 언젠가 사람들에게 '이렇게 다양한 형태의 생강이 우리가 모르는 지구 어디에선가 살고 있다'는 사실을 보여주기를 바라면서.

숲에서 만난 끈끈이주걱

잡지에 벌레잡이식물 관련 글을 쓰면서 벌레잡이농장에서 식물 생체를 사온 적이 있다. 하나는 푸푸레아사라세니아, 하나는 빅마우스파리지옥*Dionaea muscipula* 'Big Mouth', 다른 하나는 긴잎끈끈이주걱*Drosera anglica* Huds.이었다. 이들이 작업실에 온 지 3년이 지났다. 그동안 두어 번 분갈이를 해주었고, 화분은 여섯 개로 늘었다. 그들은 내 작업실의 곤충들을 잡아먹고 번식해 개체를 늘려가며 살아간다.

벌레잡이식물에 관심을 갖기 시작한 건 '세계의 문자'를 주제로 한 전시 이후였다. 라오스 전시를 맡은 나는, 라오스 문자를 식물과 연결 지어 행사를 진행해야 했다. 관람객들에게 그곳의 자생식물 기록을 보여주기로 한 뒤, 주요 자생식물을 찾았다. 그중엔 벌레잡이식물인 네펜데스속*Nepenthes*이 있었다. 나는 우리나라에 유통되는 네펜데스속 가운데 두 종을 구입해 그림을 그렸다. 그러면서도 한편으로는 늘 아쉬움이 있었다. 벌레잡이식물은 외래종이다. 자생지에서 자라는 제대로 된 모습도 보고 그려야 하는데, 화분에서 자란 식물이 얼마나 제 모습을 보여줄 수 있을까.

작업실의 긴잎끈끈이주걱.

마침 싱가포르는 이 벌레잡이식물들의 자생지였다. 나는 싱가포르에 간 김에 이들을 관찰해 스케치하기로 했다.

생강속 식물들을 관찰한 뒤, 식물원에서 알게 된 연구원으로부터 식물원과 연결된 숲에서 벌레잡이식물들을 볼 수 있다는 이야기를 들었다. 나는 펜과 노트, 루페 등을 간단히 챙겨 사람으로 붐비는 전시원을 벗어나 숲으로 향했다. 나지막이 들리는 물 흐르는 소리 외에는 아무런 소리도 들리지 않는 깊은 숲이었다. 작업실 벌레잡이식물들의 고향이 이런 곳이구나.

벌레잡이식물은 말 그대로 작은 동물(주로 곤충)을 잡아먹는다. 그래서 식충식물이라고도 불린다. 이름은 벌레잡이지만 어떤 네펜데스 종은 쥐나 새처럼 비교적 큰 동물도 먹을 수 있다. 벌레잡이식물은 원래 다른 식물들과 함께 숲과 들에서 살았으나, 작고 약해 점점 습지나 암벽 등으로 밀려났다. 그러다 결국 이런 척박한 환경에서 살아가게 되었다.

암벽이나 습지는 식물이 살아가는 데 필요한 영양분이 충분하지 않다. 그들은 주변의 동물로부터 영양분을 얻을 수밖에 없었다. 움직이기 어려운 식물들이 선택한 생존의 방법은 '사냥'이다. 벌레잡이식물은 우리가 낚시를 하듯, 곤충이 좋아하는 향기를 내뿜어 유인하거나, 끈끈한 점액질로 곤충의 몸을 움직이지 못하도록 붙들고, 긴 주머니 모양의 함정에 빠뜨려 곤충을 꼼짝 못 하게 한다.

숲으로 들어가기 직전, 꽃향기를 맡는 도마뱀과 마주쳤다. 동물들은 대체로 냄새에 민감하다. 벌레잡이식물 중 벌레잡이제비꽃*Pinguicula vulgaris var. macroceras* (Link) Herder은 강하고 향기로운 냄새로 동물을 유인한 후 이들을 잡아먹는다.

숲은 들어갈수록 점점 더 어둡고 축축했다. 어쩐지 이런 분위기라면 나도 벌레잡이식물들에게 잡아먹힐 것 같다는 생각까지 들었다. 쥐도 잡아먹는 식물이 나라고 못 먹을까. 숲에서 나는 그저 약하고 느려빠진 호모사피엔스일 뿐임을 늘 명심해야 한다.

질퍽한 땅을 걷다 3시 방향 나무 아래서 양치식물 옆에 숨어 있는 끈끈이주걱을 발견했다. 나뭇잎들을 치우고 고개를 숙여 돋보기를 꺼냈다. 자세히 들여다보니 끈끈한 점액질이 반짝였다. 작업실에서 보았던 것보다 더 강력하고 걸쭉했다. 끈끈이주걱은 끈끈한 점액질에 달라붙은 동물을 오랜 시간 움직이지 못하게 잡아둔 뒤, 결국 지쳐 죽도록 만들어 잡아먹는다. 이 정도의 점액질이라면 큰 곤충들도 충분히 꼼짝 못 하게 할 수 있겠다는 생각이 드는 동시에, 다른 식물들에 의해 이 척박한 곳까지 밀려난 작고 연약한 식물이 이처럼 강해지기까지 얼마나 치열한 삶을 살아왔을지를 상상할 수 있었다. 이런 곳에서 움직이지 못하는 생물이 살아남으려면…… 사냥이라는 방법을 택할 수밖에 없었겠구나. 나는 끈끈이주걱 외에 네펜데스 한 종을 더 관찰하고, 해가 질 무렵 급히 숲에서 빠져나왔다.

깊고 낯선 숲에서 도시로 돌아오며 작업실의 벌레잡이식물들을 떠올렸다. 이토록 습하고 더운 곳에서 살던 벌레잡이식물들이 추운 내 작업실에서 살게 되었으니 얼마나 낯설고 두려웠을까. 그들이 없는 그들의 고향에서 비로소 나는 내 식물들을 이해하게 되었다.

빅마우스파리지옥과 긴잎끈끈이주걱. 파리지옥은 두 장의 벌린 잎 안에 동물이 들어오면 잡아먹고 끈끈이
주걱은 잎 표면의 끈끈한 점액질에 동물이 달라붙으면 그들을 녹여 먹는다.

허브식물들의
향기

허브천문공원

화훼, 채소, 과수의 경계

내 작업실에는 서른 개 정도의 화분이 있다. 화분의 식물들은 직접 산 것보다는 어쩌다 생긴 것이 대부분이다. 지인이 키울 자신이 없다며 선물로 준 아이, 식물세밀화를 그리는 데 필요해 씨앗을 심어 기른 아이…… 모두 언제부터인지 알 수 없지만 늘 나와 함께 살아온 식물들이다. 씨앗부터 관찰해오며 기른 식물들 가운데는 책 작업을 위해 재배해온 허브식물이 많다. 라벤더 세 종과 로즈마리 두 종은 이미 두어 번 분갈이를 해주었고, 민트와 캐모마일, 알리움, 제라늄은 혹독한 겨울 추위를 꿋꿋이 이기고 고맙게도 매년 꽃을 피워준다. 늘 작업실에 있는 나는 느끼지 못하지만, 이곳을 찾는 손님들은 하나같이 "허브 냄새가 좋네요"라고 첫인사를 건넨다.

나는 원예학, 그중에서도 화훼식물을 공부했다. 원예식물은 크게 화훼, 과수, 채소 분과로 나뉜다.(여기에 도시농업 분과가 추가되긴 했지만 크게는 이렇다.) 화훼식물은 관상을 목적으로 하는 가로수나 절화·분화, 과수는 나무 열매를 식용하는 식물, 채소는 풀을 식용 또는 약용하는 식물을 일컫는다. 늘 그렇게 배워오긴 했지만 나는 곧잘 과일 가게의 과일을 보며 예쁘다고 하고, 정원에 관상용으로 심어둔 자두나무 열매를 따먹으며 맛있다고 한다. 그러면 그 순간만큼은 과수는 화훼가 되고, 화훼는 과수가 된다. 그렇게 시간이 지날수록 화훼, 채소, 과수의 경계는 내게 점점 모호해졌다.

그런 가운데 나는 첫 책의 주제를 채소 분과에 속하는 허브식물로 하기로 마음먹었다. 허브식물은 참 매력적이다. 잎부터 꽃과 열매까지 어느 한 부분 예쁘지 않은 구석이 없는 건 물론이고, 음식의 재료가 되기도 하며, 몸에도 좋고, 일부 허브는 열매를 과일로 먹을 수도 있다. 과수와 채소, 화훼로 나뉘는 원예의 분류 기준을 깨뜨리는 식물인 것이다. 게다가 사람들은 허브가 주로 이국 식물들인 줄 알지만, 허브의 정확한 정의는 "향으로 이용하거나 약효가 있는 식물"이며, 우리가 매일 먹는 파, 마늘, 양파, 부추와 같은 채소도 모두 아우른다.

작업실의 허브들.

허브천문공원 전경.

　나는 허브식물을 그려서 책으로 엮기 위해 1년의 계획을 짜서 식물들을 수집하고, 관찰하러 다녔다. 식물 목록을 만들고 꽃이 피는 시기와 열매가 맺히는 시기를 체크했다. 자생종과 외래종으로 나누어 자생종은 산과 들의 자생지를 찾아 관찰하고, 외래종은 우리나라에서 가장 많이 재배되는 품종 위주로 씨앗 파종부터 생장과정을 관찰해 기록하기로 했다. 나는 외래 허브식물 종자와 모종을 가장 다양하게 판매하는 농가에 가서 종자를 구입해 작업실 앞마당에 심어두고 관찰했다. 그러면서 외래 허브식물이 많이 식재되어 있는 정원과 식물원도 자주 방문했다.

　그때 즐겨 찾은 곳이 허브천문공원이었다.

옆 실험실 허브 교수님

  대학원의 옆 실험실은 허브를 중심으로 채소를 연구하는 채소 실험실이었다. 교수님은 우리나라에 허브식물이 알려지지 않았던 시기에 처음으로 허브식물을 소개하고 학생들에게 가르친 분이다. 독일 유학 시절 처음 접한 뒤, 다양하게 이용되는 허브의 매력에 이끌려 연구를 시작했다고 한다.

대표적인 허브식물 라벤더. 허브식물이라면 다 이로울 거라 생각하지만, 꼭 그렇진 않다. 노약자나 임산부에게 좋지 않은 식물도 있고, 개인에 따라 맞지 않는 식물도 있기에 잘 알아보고 이용하는 편이 좋다.

    교수님과 식사를 할 때면 반찬으로 나오는 채소 이야기를 하느라 시간이 금방 지났다. 종종 저녁 회식으로 삼겹살을 먹을 때면 꼭 로즈마리 이야기를 했다. "삼겹살엔 로즈마리지. 로즈마리 향이 고기 잡내를 잡아준다고." 머리가 아프다 거나 불면증이 심하다는 친구에게는 라벤더 이야기를 꺼냈다. "베갯속에 라벤더 잎을 넣어두면 잠이 잘 와. 머리가 자주 아프면 라벤더 잎 두어 개를 외출할 때 가방에 넣어두고 아플 때마다 잎을 비벼서 냄새를 맡아봐." 자나 깨나 허브 생각 뿐이던 교수님 덕분에 화훼식물을 공부하던 나도 자연스레 채소에 속하는 허브 들을 익힐 수 있었다. 그분이 허브식물에 대해 공부할 때 찾아가보라고 소개해 준 곳이 바로 허브천문공원이다.

허브천문공원은 대학원 수업을 들으면서도 몇 번 견학을 와본 곳이라 익숙하기도 했고, 강동구 일자산 자락에 위치해 작업실과 비교적 가까웠다. 식물세밀화를 그리기 위해서는 식물을 자주 관찰해야 한다. 물리적으로 가까운 곳에 관찰 대상을 두는 것은 에너지 절약 차원에서도 중요하다.

이곳에는 내가 작업실 앞에 심어둔 라벤더와 로즈마리, 민트, 캐모마일, 딜, 제라늄같이 우리에게 비교적 친숙한 식물들부터 램스이어나 에키네시아처럼 조금 낯선 허브 품종들도 오밀조밀하게 식재돼 있다. 나는 1년간 보름에 한 번씩 이곳에 들러 식물들을 관찰했다. 작업실 화분에 심어둔 식물과 겹치는 종도 절반 정도 됐으나, 다양한 개체를 관찰하는 것도 중요하니 두 곳의 개체를 비교·관찰하며 기록하기로 하고, 작업실 화분에 심지 못한 식물들은 더 자세히 스케치해 기록했다.

Salvia microphilla

Salvia elegans

Thymus vulgaris

Mentha Spicata

Lavandula spp.

Lavandula Stoechas

Matricaria recutita

Ocimum basilicum

Aloysia triphylla

Melissa officinalis

Rosmarinus officinalis

Mentha x piperita f. citrata 'chocolata'

외래 허브식물의 원산지는 대부분 지중해 연안이다. 이탈리아 음식이 맛있는 이유 가운데는 식물들이 생장하기 좋은 기후 조건을 갖춰 다양한 종이 자생하고, 덕분에 식재료가 풍부해 음식 문화가 발달한 까닭도 있다. 음식 문화가 발달한 지역은 대개 음식의 재료가 되는 식재료가 풍부한 곳이고, 이는 식재료의 대부분을 차지하는 식물이 잘 자랄 수 있는 기후 조건을 갖추었거나, 다양한 식물이 자랄 수 있는 넓은 땅을 가진 지역이라고 볼 수 있다. 음식과 식물을 늘 연결 짓는 교수님을 보면서 나 역시 딱히 관심을 두지 않았던 식문화나 요리에 관심을 갖게 됐다.

원산지가 따뜻하고 볕이 강한 곳이다 보니, 우리나라에서는 아무리 생장을 잘한다 해도 외래 허브를 원산지에서처럼 기르기 쉽지 않다. 하지만 다양한 허브 품종을 알고 용도에 맞게 각각의 허브를 소비하는 것, 그들이 원산지를 떠나 우리에게 와서 어떤 모습을 하고 있는지를 기록하는 것도 중요하다.

외래 허브식물 중에는 잎을 식용·약용하
는 종이 많다. 다양한 형태의 허브 잎만큼
그 쓰임새도 천차만별이다.

허브식물과 함께한 1년

책이 나오기까지 1년간 작업실과 공원, 그리고 학교만을 오가며 주말도 없이 지냈다. 식물이 생장하는 데는 평일과 주말이 따로 없다. 식물들이 우리 인간처럼 평일에 일하고 주말에 일을 멈춘다면, 내게도 쉬는 날이 올까? 쓸데없는 생각이 들 정도로 마음의 여유는 없어지고, 오로지 허브식물을 재배하고, 기록하는 데만 집중하던 시간이었다. 그 시기 내게 위안이 됐던 건 짬을 내 만나던 친구도, 작업실과 공원을 오가며 들었던 음악도 아닌, 공원의 허브식물 향기였다.

공원에서 꽤 멀리 떨어진 입구에서부터 은은하고 생기로운 허브 향이 났다. 향기를 맡으면 기분이 좋아졌다. 저 높은 공원에 금방 올라갈 수 있을 것 같았다. '우리가 여기 있으니 얼른 와서 그림으로 기록해 사람들에게 알려줘!'라고 속삭이는 듯한 향기였다. 그들은 모르는 새 내게 에너지를 주는 약용식물이 되었던 셈이다. 공원 입구에서 나던 은은한 향기는 정원에 다다를수록 점점 더 짙어진다. 멀리서 그저 허브식물이 있음을 알려주던 냄새는, 다가갈수록 세분화되고 어떤 식물 종이 가까이에 있는지를 알 수 있을 만큼 강해진다. 나는 늘 냄새를 따라 둥근 정원을 중심으로 식재된 허브식물 주위를 한 바퀴 돌며 어떤 식물이 만개했고, 또 어떤 식물이 열매를 맺었는지 훑어보았다. 그리고 스케치북과 연필, 카메라를 꺼내 정원의 식물들을 관찰해 기록했다.

정원에는 가로세로 두 걸음 면적에 식물이 한 품종씩 식재돼 있었다. 로즈마리, 라벤더, 민트, 캐모마일, 딜, 세이지, 제라늄, 오레가노, 램스이어, 헬리오트로피움*Heliotropium arborescens* L., 펜넬, 서양톱풀*Achillea millefolium* L., 에키네시아 등 우리나라에서 재배되는 대부분의 외래 허브식물이 보인다. 그들은 서너 품종으로 나뉘어 식재되어 있고, 그 앞에는 꽃, 열매 등 중요 부위의 사진과 함께 이름표가 있었다.

왼쪽부터 서양톱풀, 딜의 잎(위)과 꽃, 램스이어.

만개한 핫립세이지.

라벤더는 그레이라벤더, 잉글리시라벤더로 군락이 나뉘어 있었고, 우리나라에서는 주로 관상용으로만 이용되는 세이지 밭은 체리세이지, 핫립세이지, 커먼세이지로 구분돼 있었다. 사과가 품종마다 맛과 향, 형태와 색이 다르듯 라벤더도 세이지도 제라늄도 품종마다 향과 형태, 색이 모두 달랐다. 사람들은 각각의 허브를 만져보고, 냄새 맡으며 향이 어떻게 다른지를 비교해본다. 나는 그 옆에서 허브 잎에 루페를 갖다 대고는 모양과 거치를 관찰해 스케치했다.

세이지는 나도 작업실에서 키우긴 하지만 여기에서처럼 키가 크진 않다. 이곳의 체리세이지는 키가 1미터는 돼 보였고, 꽃이 핀 개체도 훨씬 더 많았다. 체리세이지와 핫립세이지는 똑같이 흰색과 핫핑크색 꽃이 피는데, 어떤 건 흰색이기도, 어떤 건 핫핑크색이기도, 또 어떤 건 두 색을 모두 띠는 얼룩무늬를 가진 것도 있었다. 이럴 땐 보이는 색을 모두 기록해야 한다. 흰색만 기록하거나 핑크색만 기록하면 다른 색의 꽃을 본 사람들이 그림을 보고 체리세이지와 핫립세이지를 식별하지 못하기 때문이다.

그리고 이들 옆에는 같은 세이지라도 형태가 완전히 다른, 어쩌면 램스이어와 비슷한 형태의 커먼세이지가 있었다. 커먼세이지의 잎에는 자잘한 흰 털이 나 있다. 루페로 자세히 들여다보니, 잎에 난 건 털이 아닌 얇은 가시였다. 뾰족하고 얇은 가시가 잎에 박혀 있는 모습을 본 뒤에는 어쩐지 만지기가 망설여졌다. 털처럼 보일 만큼 얇아 아프진 않지만 잎을 만질 때마다 루페 속 렌즈를 꽉 채우고 있던 길고 가느다란 가시가 떠올랐다. 사람들은 보송한 잎을 기분 좋게 만지고 있었다. 이럴 땐 그저 모르는 게 낫겠다 싶기도 하다.

세이지 꽃 변이.

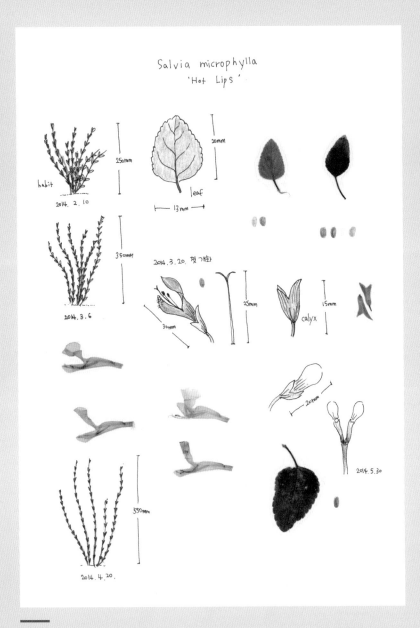

Salvia microphylla
'Hot Lips'

habit
2014. 2. 10

250mm

leaf
13mm
20mm

350mm

2014. 3. 6

2014. 3. 20. 첫 개화

30mm
25mm
calyx
15mm

20mm

2014. 5. 30

550mm

2014. 4. 20.

핫립세이지 스케치.

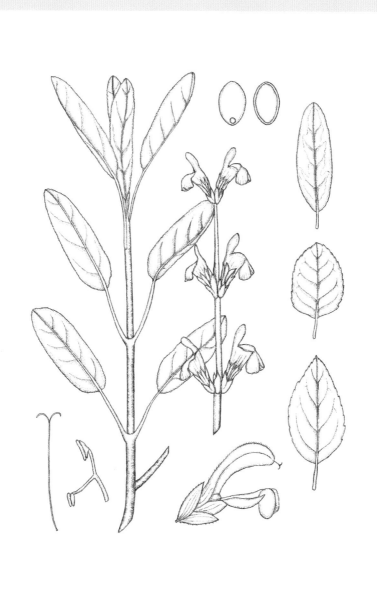

핫립세이지 도해도.

노트에 날짜를 적은 뒤 둥근 정원을 따라 주욱 돌며 식물 품종 하나하나에 루페를 갖다 대고 관찰하며 스케치를 하고, 자를 대고 치수를 재는 것이 공원에 가는 날 내 일과였다. 그렇게 한 바퀴를 돌고 나면 서너 시간이 훌쩍 지난다.

식물을 관찰하는 나를 지나는 사람들 중엔 원예 봉사자들도 있었다. 나이가 지긋한 그분들은 이곳의 허브식물들처럼 계절마다 다른 모습이었다. 허브식물 중에는 한해살이풀이 많다. 그래서 봄에는 모종을 심느라 바쁘고, 여름에는 다른 계절보다 더 자주 그리고 오랫동안 식물에 물을 주고, 가을에는 열매를 채종해 소쿠리나 돗자리에 널어 씨앗을 얻는다. 식물의 변화에 따라 변화무쌍한 원예가들 곁에서, 나는 늘 똑같은 모습으로 쪼그려 앉아 식물을 관찰했다.

공원에 다녀온 날은 내내 손에서 허브 향이 났다. 이것저것 만지다 보니 향이 섞여 정체를 알 수 없는 강한 냄새가 났지만, 어쩐지 나는 그 냄새가 참 그립다. 그렇게 허브식물들만 바라보며 지낸 다음 해 여름에야 책이 나왔고, 책이 나온 후에는 두어 번 공원을 찾았던 것 같다. 그때 심은 텃밭의 식물들은 화분으로 옮겨져 여전히 내 작업실 한편에서 자라고 있다. 그림을 그릴 때만큼 그들을 오래도록 자세히 지켜보는 건 아니지만, 늘 그렇듯 그때 그 허브식물들은 내 곁에서 잎을 틔우고 꽃을 피우며 열매를 맺는다.

작업실에서 분화로 재배하는
루*Ruta graveolens* L.,

과일의
운명

제이드가든

식물세밀화로 논문을 쓴다고?

수목원을 그만두고 얼마간 대학원생으로 지냈다. 식물을 그림으로 기록하는 수목원 생활 대신, 학교에서 식물학 그림 이론을 연구하면서 논문을 쓰고 이를 학회에서 발표하기로 했다. 사람들은 내게 말했다. "식물세밀화(식물학 그림)는 그냥 그리는 거지, 그걸로 논문을 쓴다고?"

식물학 그림은 연구의 대상이 되면 안 되는 걸까? 어쩌면 식물학 그림 작가는 그림만 잘 그리면 된다거나, 사진이 나온 이상 식물학 그림의 쓸모에는 한계가 있다는 학계의 통념이 식물학 그림의 이용 가치를 떨어뜨리고, 발전을 막고 있는지도 모른다. 게다가 한국 식물학 그림은 이론적 토대가 매우 부실해서, 이대로 가다가는 뿌리 없는 나무가 될 것 같았다.

식물학 그림이 아름다운 식물 그림으로 인식되는 차원을 넘어, 식물을 연구하는 데 중요한 '과학 일러스트'로서 올바른 방향으로 나아가기 위해서는 식물을 잘 기록하는 것(잘 기록한다는 것은 기술적으로 잘 그리는 것이라기보다, 식물의 형태를 정확히 포착해 표현해내는 것이다. 기술은 식물 형태를 정확히 나타내는 것 이상은 필요하지 않다)도 중요하지만, 문화적으로 초기 단계에 있는 지금 이론적 토대를 마련할 필요가 있었다.

우선 식물학 그림은 연구에 필요한 데이터이므로, 가장 중요한 건 최대한 다양한 종의 정확한 그림 기록이 있어야 한다는 점이다. 그런데 우리나라에는 식물학 그림을 그리는 사람이 얼마 없고, 몇 안 되는 작가가 그릴 수 있는 그림이 한정적이기 때문에 그림 기록이 많지 않다. 게다가 여러 번 기록되는 종, 한 번도 기록되지 않는 종이 많다. 현황을 파악해보니, 대개 소중히 여겨지는 멸종위기 식물, 희귀식물, 특산식물 등이 비슷한 형태로 기록되고 있었으며, 오히려 우리에게 익숙한 종은 흔하다는 이유로 외면받아 기록되지 않았다.(내가 개인 작업을 할 때 이런 흔한 들풀들을 주로 그리게 된 이유이기도 하다.) 또한 어쩔 수 없이 현재는 주로 자생식물이 우선 기록되고 있지만, 우리가 육성해 이용하는 원예식물에 대한 기록도 필요한 시기다.

과일을 그린다는 것

수목원에는 밀원식물을 연구하는 박사님이 있었다. 그분의 고향은 문경이었고, 부모님은 그곳에서 사과 과수원을 한다고 했다. 수확 철이면 박사님은 주말 동안 바쁜 부모님을 도우러 문경을 찾았고, 휴일이 끝난 월요일이면 트렁크 가득 상처가 살짝 난 사과들을 싣고 와 직원들에게 나눠주곤 했다. 그러면 며칠은 쉬는 시간마다 모두 모여 앉아 사과를 베어 먹었다. 나는 사과를 딱히 좋아하는 것도 아닌데, 매년 사과 철이면 유난히도 빨갛고, 달고, 아삭아삭한 박사님의 그 사과가 기다려졌다.

늘 곁에 두고 살지만, 새삼 식물이 유난히 대단해 보이는 순간이 있다. 그건 아름다운 꽃이나 열매를 보았을 때도, 현미경으로 미세 구조를 관찰할 때도 아니다. 그저 간식으로 과일을 먹는 순간이 그렇다. '내가 식물을 먹는다니. 식물은 꽃도 예쁜데, 열매도 이렇게 예뻐. 예쁜 색과 모양을 가진 열매가 이렇게 맛있기까지 할 수가. 게다가 몸에도 좋다니!' 과일을 먹을 때면 나는 늘 감탄을 한다.

모든 걸 마음대로 할 수 있는 개인 작업. 자그마한 블루베리 도감을 내기로 한 건 과일에 대한 내 이런 사심 때문이기도 했다. 과일을 주제로 식물세밀화 도감을 만든다고 하니, 식물세밀화에 대해 잘 알고 있던 주변 식물학자들도 의아해했다. 적어도 우리나라에선, 식물세밀화가 줄곧 멸종위기식물이나 희귀식물과 같은 주요 자생식물을 그리는 역할을 해왔으니까.

그런데 우리는 자생식물을 도시로 가져와 변형하거나 증식해 활용하기도 한다. 인간에 의해 육종된 식물은 인간의 욕망을 그대로 담고 있으니, 도시의 원예식물을 기록하는 건 식물을 대하는 인간의 태도를 기록하는 것과 같다. 그러니 이 또한 자생식물을 기록하는 것만큼이나 중요한 일이다.

게다가 원예식물들은 역사가 짧다. 원예 '산업'에 있으니 소비량에 따라 재배량이 늘어날 수도, 줄어들 수도 있고, 더 좋은 품질의 신품종이 나오면, 기존의 품종은 선택받지 못하고 멸종될 수도 있다. 인위적으로 육종된 품종은 유전적으로도 자생식물보다 더 취약해서 병해충이 나타나면 종을 보존하기도 어렵다. 현재 우리 주변에 있는 원예식물들은 언제 사라질지 모르는 식물 종인 것이다.

과일은 도시의 원예식물 중에도 가장 쉽게 접하는 식물이다. 하지만 사람들은 과일을 선뜻 식물다운 식물로 여기지 않을 때가 많다. 나는 이런 과일로 식물 이야기를 하면 흥미롭겠다고 생각했다. 내가 그리는 세밀화와 내가 만들려는 도감은 모두 종의 식별을 목적으로 한다. 같은 사과, 같은 딸기라도 다양한 품종이 있고, 이들은 모두 특성과 성질이 달라서, 용도 또한 다양하다.

식물을 관찰해 그림을 그리고 책을 만들기까지는 고작 한 달 정도의 시간이 주어졌다. 그 시간 동안 식물이 꽃과 열매를 맺는 생장과정을 모두 담기란 무리였다. 나는 열매가 식물의 한 기관으로서 매달려 있는 '장면'을 기록하기로 하고, 과일 한 종을 정해 가장 많이 재배되는 품종 몇 종을 엮기로 했다.

이제 어떤 과일을 선택하느냐 하는 문제가 남았다. 사과, 토마토, 포도, 배 등 우리나라에서 오래도록 사랑받아온 후보들이 있었다. 하지만 초여름이던 그 시기에 맞춰 열매가 절정으로 무르익는 과일을 선택하는 게 중요했다. 또 정해진 시간 동안 다양한 품종을 관찰해 그려내기 위해선 식물이 있는 곳으로 이동하는 시간을 줄여야 했기에, 여러 품종이 한꺼번에 재배되는 과수원의 과일을 떠올려야 했다. 나는 작업실에서 30~40분 거리인 가평에 위치한 어느 블루베리 농장을 알게 됐고, 그곳의 블루베리를 관찰해 블루베리 도감을 만들기로 했다.

이후 3일에 한 번은 블루베리 농장에 가서 블루베리를 관찰하고 수집했다. 블루베리 세밀화를 그려서, 사람들이 책을 보고 품종별로 소비할 수 있게 되면 농가에서도 다양한 품종을 재배하는 데 도움이 되지 않겠느냐고 농장주를 설득한 덕분이었다. 농장주는 너그러이 작업을 허락해주었다. 농장에 가서 블루베리를 관찰할 때면 그는 내게 다가와 종종 블루베리 재배에 대한 이야기를 들려주곤 했다.

연두색의 블루베리 열매가 짙은 보라색으로 익어갈 때쯤 관찰을 시작했다. 보름간의 기록으로 도감을 내야 했기 때문에 블루베리 꽃은 기록할 수 없었다.

내가 한창 블루베리를 관찰하던 7월은 대부분의 열매가 붉게 물들거나, 그보다 더 짙은 보라색으로 익어가던 시기였다. 농장주는 품종에 따라 열매 크기가 어떻게 다른지, 어떤 품종이 빨리 수확하는 조생종이고, 어떤 품종이 늦게 수확하는 만생종인지를 설명해주었다. 때로는 블루베리를 직접 따서 함께 먹어보며 어떤 품종이 더 달고 신지를 이야기했다. "이건 아직 덜 익었고, 요 옆에 있는 걸봐요. 한창 잘 익었죠? 이게 조생종이에요. 우리나라에는 이 종을 재배하는 농장이 아직 별로 없어요. 한번 맛봐요. 그림을 그리려면 맛도 봐야지." 현장에서 실제로 식물을 만지고 닦는 일을 하는 '필드맨'의 경험과 연구에서 나온 이야기는 그 무엇보다 값진 조언이 되어주었다.

블루베리가 우리나라에서 재배된 지는 얼마 되지 않았다. 미국에서는 1920년대부터 블루베리 농사가 시작됐지만, 우리나라에서는 2000년대 들어서야 소규모로 재배되기 시작해 2000년대 중반 이후에야 재배 농가가 하나둘 생겨났다. 매우 익숙한 과일이지만, 우리가 국내산 블루베리를 먹은 지는 10년도 채 안 된 것이다. 지금은 재배 역사에 비해 많은 농가가 있다. 초기에는 블루베리가 귀해 고가의 생과로 판매됐지만, 블루베리의 약용 효과나 블루베리를 이용한 요리 레시피 등이 널리 알려지면서 수요가 많아졌고 농가도 크게 늘었다. 물론 블루베리 농장이 많이 생긴 데는 블루베리 재배법이 까다롭지 않다는 점이 가장 크게 작용하기도 했다. 듣자 하니, 최근에는 블루베리로 작물을 바꾼 포도 농장이 많아 포도 농가가 줄어드는 것도 문제라고 한다.

채집 봉투에 넣어 온 블루베리 품종들.

채집한 블루베리를 모두 모아보니, 품종별로 형태 차이가 컸다. 열매뿐만 아니라 잎의 크기와 모양도 꽤 달랐다. 이 차이를 표현해내는 것이 중요했다. 내 그림으로 사람들이 블루베리 품종을 식별하고, 용도에 맞는 품종을 이용해 다양성이 유지되고, 블루베리 종이 보전될 수 있다면 내 역할은 충분하다 생각했다. 채집한 블루베리는 그림이 다 완성된 후 건조해 표본으로 남겨두었다.

채집한 식물을 흰색 배경에 두고 관찰하면 형태가 잘 보인다. 열매가 익는 시간에 따라 조생종은 이미 검어진 열매가, 만생종은 아직 작고 푸른 열매가 달려 있다.

농장 가까이에는 제이드가든이라는 식물원이 있었다. 대기업에서 운영하는 식물원이었는데, 블루베리를 특산물로 재배하고, 재배한 블루베리를 식물원의 식당과 매점에서 식재료로 이용한다고 했다. 강원도와 경기도의 중간 즈음, 산 중턱에 위치한 이곳에는 유럽식 식물원을 떠올리게 하는 세련된 건축물을 중심으로 다양한 원예식물이 식재돼 있었다. 이끼 정원이나 단풍나무원처럼 기존 우리나라의 식물원에서 잘 볼 수 없던 정원도 많았는데, 그중에 눈에 띄는 건 아무래도 키친 정원이었다. 음식 문화에 대한 사람들의 관심이 커지면서 식용식물을 재배하는 키친 정원이 도시농업의 일부로 발전하고 있다. 우리가 간단한 채소류를 재배하는 텃밭이나 베란다 정원도 모두 키친 정원의 일종이라고 볼 수 있다.

키친 정원에 있던 알리움속*Allium* 식물의 꽃.

패트리오트블루베리의 꽃.

　제이드가든의 키친 정원에는 가지, 토마토, 마늘, 벼와 같은 식물이 식재돼 있었고, 그 옆엔 넓다란 블루베리 정원이 자리했다. 블루베리는 농장에서보다 조금 덜 익은 듯 보였는데, 어떤 나무는 회양목처럼 전정되어 동선을 유도하기도, 차폐 역할을 하기도 했다. 네모난 박스 모양으로 전정된 가지에서도 열매가 군데군데 자라난 걸 보니, 강한 번식력이 느껴졌다. 대부분 허리까지 오는 나무들이었는데, 어림잡아 20종 정도는 돼 보였다. 나무들 아래엔 국문과 학명으로 품종명이 적힌 이름표가 꽂혀 있었다. 농장에서는 블루베리의 품종명을 국명으로만 전달받아 정확한 이름을 알 수 없었는데, 이곳에 와서 이름표에 적힌 학명으로 도감에 들어갈 내용을 채울 수 있었다. 둘러보니 농장에서 보았던 블루베리가 3분의 2 정도, 나머지는 모두 처음 보는 품종이었다. 그렇게 농장과 식물원을 함께 찾음으로써 적어도 두 군데에서의 개체를 관찰해 개체 변이와 종 특성을 확인할 수 있었다.

과일의 운명

책을 만들기까지 한 달의 시간. 2주는 제이드가든과 농장에 가서 블루베리를 관찰했고, 남은 2주는 작업실에 앉아 그림을 그렸다. 제이드가든에서는 주로 현장 스케치를, 농장에서는 채집을 했다.

제이드가든에 가는 날이면 이른 아침부터 가방에 스케치북과 연필, 색연필, 자, 그리고 국문으로 된 블루베리 책과 물, 주먹밥 같은 걸 들고 가서 온종일 블루베리 밭에서 시간을 보냈다. 그 바로 옆에는 마늘과 파가 심긴 알리움 정원이 있었다. 바람이 센 날은 유난히 매운 알리움의 냄새에 코끝이 찡했다.

초여름 연녹색 잎에 달린 조그마한 보라색 열매는 맛이 아니더라도 충분히 존재 가치가 있어 보이는 어여쁜 모습이었다. 나는 그 많은 품종 중 어쩐지 티프블루블루베리*Vaccinium corymbosum 'Tifblue'*가 유독 마음에 들었다. 연한 하늘빛이 섞인 가느다란 잎이 자꾸만 눈길을 사로잡았다. 만일 내가 시장이나 마트에서 이들을 보았다면, 아마도 달고 맛있는 품종을 가장 좋아했겠지. 그림을 위해 식용식물들을 관찰하는 동안 과일과 채소를 바라보는 시선이 조금은 달라졌다.

책을 내고 사람들로부터 이따금 블루베리 종이 이렇게 다양한지 몰랐다는 이야기를 듣곤 한다. 사실을 말하자면, 우리나라에서 재배되는 블루베리 종은 그보다 더 많고, 시간이 지나면 새로운 품종도 계속 생겨날 것이다. 또 이 책에 기록된 품종 가운데 몇몇은 사라질지도 모른다. 얼마나 사라지고 생겨날지는 알 수 없다. 그러니까 내가 2013년에 그린 그 블루베리 도감에는 '2013년 한국에서 재배된 블루베리'가 실려 있을 뿐이고, 이게 '과일'이란 식물의 운명이다.

도시의
원예식물

파리식물원

원예식물의 그림 기록

사람들과 가장 대화하기 좋은 식물은 아무래도 먹는 식물이다. 식물에 별 관심이 없어도 늘 접하는 것들이니까. 산과 들에 사는 어느 식물이 멸종된다는 이야기는 나와 별 상관없는 먼 일이지만, 매일 먹는 밥상의 고추가, 혹은 매일 마시는 커피가 멸종되는 건 당장 내게 닥칠 중요한 문제가 된다.

블루베리 그림을 그리고 나서 3년 정도는 한국 자생식물만을 그렸다. 그러던 중 원예식물 연구기관인 농촌진흥청에서 육성한 신품종을 매달 한 종씩 그려달라는 제의를 받았다. 원예식물이야 내게 익숙했고, 언제 사라질지 모를 이들의 형태 특징을 정확히 그림으로 남겨 사람들에게 존재를 알리는 건 예전부터 누군가는 해야 할 중요한 작업이라고 생각해왔다. 영국 왕립원예협회RHS에서는 200여 년 전부터 이미 협회 차원에서 보태니컬아티스트를 직접 고용해 사과나 포도 같은 주요 과수 작물을 그림으로 남긴 바 있다. 이 그림에는 육성 품종의 보편적이고 이상적인 색과 형태가 그대로 표현되었을 뿐만 아니라 어떤 곤충이 해를 입히는지, 혹은 어떤 동물이 수분을 돕는지 등의 정보도 담겨 있었다. 대부분 이제 더 이상 존재하지 않는 품종이기 때문에 거의 유일하게 남아 있는 기록으로서의 가치도 있다.

우리나라에는 원예식물의 식물세밀화 기록이 거의 없다시피 하다. 하지만 분명한 건 사진이 이상적인 식물 기록은 아니라는 점이다. 사진으로는 식물의 종 특징을 정확히 표현해낼 수 없다. 있는 그대로의 모습이 그대로 담기는 사진에는 식물 개체 각각의 변이가 모두 드러나기 때문이다. 반면 식물세밀화에서는 그 종의 보편적이고 대표적인 특징은 드러내되, 개체의 환경 변이 등은 축소해 표현한다. 덕분에 식물을 더 쉽게 식별할 수 있고, 특징을 잡아내기도 용이하다. 식물 연구가 발달한 미국과 영국, 일본에서 여전히 새로운 식물을 소개할 때 사진이 아닌 그림으로 발표하는 이유가 여기에 있다.

디기탈리스*Digitalis purpurea* L. 도해도. 번
호순으로 지상부, 지하부, 꽃, 암술대, 수술.

나는 한 달에 한 종씩 그리는 걸 목표로 매달 정해진 종을 직접 보러 가거나, 수집하거나, 자료를 찾아 그렸다. 서머킹Summer King이라 부르는 한여름 조생종 푸른 사과부터 흑누리라는 까만 보리, 붉은 잎을 가진 포인세티아와 이제는 우리나라 온대 지방에서도 재배되는 패션푸르트, 그리고 제주 특산물인 밀감류 세 종 등도 그렸다. 이들은 각각 육성 목표가 달랐는데, 귤은 껍질이 얇아야 한다거나, 포인세티아는 위의 붉은 잎이 많을수록 화려하다는 식이었다. 그러다 보니 몇 개체를 관찰해 보편적인 형태로 그리더라도, 그림을 그리고 나면 꼭 수정할 일이 생겼다. "열매 크기가 좀더 커지면 좋겠어요." "더 맛있어 보이게 그려주세요." 이렇게 원예작물의 쓰임에 따라 육종가가 원하는 이상적인 형태가 표현되어야 했고, 나는 사람들이 이 원예작물을 사고 싶도록, 이용하고 싶도록 그려야 했다.

자생식물은 누구든 어딘가에서 이 식물을 보았을 때 식별할 수 있도록, 어쩌면 가장 정직하게 표현하자는 한 가지 목표로 그린다. 반면 원예작물은 애초에 사람들에게 널리 쓰이게 하려고 만든 것이기 때문에 실물보다 좀더 아름답게, 혹은 특징이 좀더 도드라지게 그려야 하는 어려움이 있었다. 한번은 포인세티아 생체를 받아 그렸는데, 알고 보니 받은 생체가 아직 어린 개체라 육성자가 원한 형태와 퍽 달랐다. 그래서 결국 그림을 대폭 수정해야 했던 적도 있었다.

신품종 '서머킹' 사과.

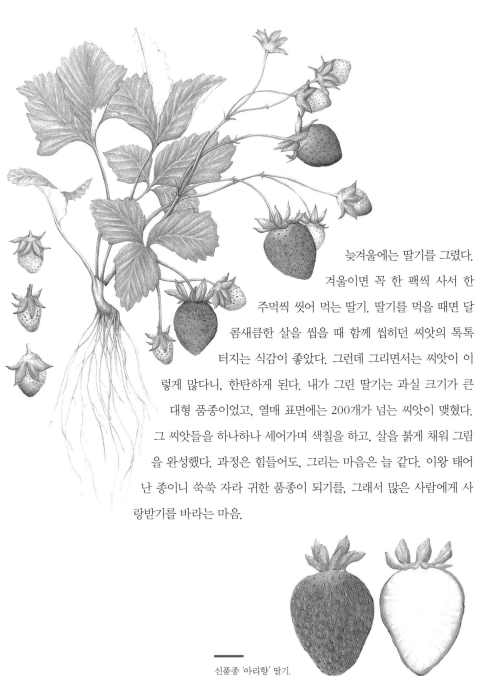

늦겨울에는 딸기를 그렸다. 겨울이면 꼭 한 팩씩 사서 한 주먹씩 씻어 먹는 딸기. 딸기를 먹을 때면 달콤새콤한 살을 씹을 때 함께 씹히던 씨앗의 톡톡 터지는 식감이 좋았다. 그런데 그리면서는 씨앗이 이렇게 많다니, 한탄하게 된다. 내가 그린 딸기는 과실 크기가 큰 대형 품종이었고, 열매 표면에는 200개가 넘는 씨앗이 맺혔다. 그 씨앗들을 하나하나 세어가며 색칠을 하고, 살을 붉게 채워 그림을 완성했다. 과정은 힘들어도, 그리는 마음은 늘 같다. 이왕 태어난 종이니 쑥쑥 자라 귀한 품종이 되기를, 그래서 많은 사람에게 사랑받기를 바라는 마음.

신품종 '아리향' 딸기.

과일을 사랑하는 나라

파리식물원은 프랑스 파리 중심에 위치한 국립자연사박물관Musée National d'Histoire Naturelle의 부속 기관으로, 정원과 식물 갤러리(박물관), 온실, 도서관 등을 갖추고 있다. 파리식물원의 한가운데는 포도나 옥수수, 딸기와 같은 과일밭이 있고, 그 밭을 따라 왼쪽으로 가면 식물 갤러리Galerie de Botanique가 보인다.

과수원의 이름표

파리식물원에는 수백 년 전 그려졌을 법한 오래된 과일 세밀화가 이름표가 되어 정원에 꽂혀 있다. 포도밭에는 해당 포도 품종의 세밀화가, 옥수수밭에는 그 옥수수의 세밀화가 있다.

식물원 한편에서는 오래전 기록된 난과식물 그림 전시가 한창이었다.

파리식물원 정원에 열린 옥수수. 프랑스는 인류의 주요 식량 중 하나인 옥수수를 오랫동안 꾸준히 연구해왔다.

늦가을 포도나무 가지에는 누런 잎밖에 달려 있지 않지만, 그림을 보면 여름 날 포도 넝쿨에 탐스럽게 가득 맺힌 탱글탱글한 열매를 상상할 수 있다. 내가 그린 딸기 세밀화가 농장에서, 마트에서 그 품종의 이상적인 모습을 떠올리게 하는 그림이 된다면 좋겠다고 생각했다. 이 포도 그림처럼.

와인에 주로 이용되는
유럽산 포도 *Vitis vinifera* L.

수백 년 전 프랑스의 식물학자들이 프랑스 곳곳에서 수집한 식물 씨앗을 표본으로 만들어 보관·전시하고 있다.

파리식물원의 식물학자 조제프 드 쥐시외가 페루에서 채집한 코카나무-*Erythroxylum coca* Lam. 표본.

세상엔 둥근 열매만 있는 게 아니다. 깍지 모양이거나 털이 있거나, 열매가 바깥에 달리거나 구과이거나. 다양한 식물의 형태만큼 열매도 다양하다.

식물 갤러리는 표본실과 붙어 있는데, 프랑스 식물 연구의 역사를 만날 수 있는 곳이다. 전시물 중에는 식용작물 관련 기록물이 가장 많다. 오래전 발견된 다양한 형태의 식용작물을 건조 표본과 액침 표본, 기재문, 그림 등으로 볼 수 있다.

유럽인의 주식인 밀은 생체 건조 표본과 함께 가공 밀, 국수와 빵, 밀가루 등의 형태로 전시돼 있다. 밀은 인류 역사상 가장 오래된 원예식물 중 하나다. 석기시대부터 이미 유럽에서 재배되었다고 알려져 있을 정도니까. 프랑스는 세계적인 밀 생산 국가이기도 하다. 요리의 본고장, 식재료의 천국인 프랑스에선 다양한 품종의 식용식물을 볼 수 있다.

프랑스에서는 대형 마트가 아닌 조그마한 과일 가게에서도 최소 네다섯 품종
의 토마토와 포도를 판매한다. 이들은 재배지나 형태, 색이 다를 뿐 아니라 맛도
각양각색이다.

파리식물원 근처의 과일 가게 풍경. 과일
마다 품종이 다양하기도 하지만, 진열 풍
경이 독특하다.

야생 포도는 먹기에 크기도 작고 맛도 심심하다. 인간은 더 많은 사람이 더 맛있게 먹기 위해 야생 포도를 증식해 새로운 품종으로 육종했다. 사람들이 좋아하도록 크기도 키우고, 적당한 산미와 높은 당도도 가미했다. 육성 목적에 따라 품종별로 특징도 제각각이다. 어떤 품종은 저장성이 높고 육질이 단단해서 통조림용으로 좋고, 어떤 품종은 무르지만 당도가 높아 생과로 먹기 좋으며, 또 어떤 품종은 산미가 높아 생식보다는 와인을 만들기에 적합하다.

프랑스인의 포도 사랑은 각별하다. 와인 문화가 발달한 덕분에, 포도나무는 프랑스 어디를 가든 가장 많이 보이는 나무 중 하나다. 잠시 들른 파리의 어느 식물 상점에선 다양한 품종의 포도 묘목을 진열해 판매하고 있었다.

파리의 한 원예 상점에서 판매하는 포도나무 묘목. 비수기인데도 매장마다 네다섯 품종 이상을 진열해 판매하고 있다.

도시의 원예식물 _ 파리식물원

도시의 식물은 대개 산업 안에 있다. 수요가 곧 식물의 있고 없음을 결정한다. 소비자인 우리가 다양한 품종을 원하면, 생산자 또한 다양한 품종을 재배할 것이다. 하지만 우리는 특정 작물의 유명 재배지에서조차 그해에 유행하는 한두 품종만을 재배하곤 한다. 이러한 단종 재배는 생태계에도 치명적인 데다, 그 안에 놓인 우리 인간 또한 직접적인 영향을 받을 수 있다. 일례로 감자가 주식인 아일랜드에서는 척박한 환경에서도 잘 자라는 감자를 육성해 그 한 품종만을 재배했다. 그런데 인위적으로 육종된 품종은 바이러스에 약해서 결국 이 감자는 잎마름병에 걸려 멸종되고 만다. 주식이 사라진 아일랜드에서는 1845년부터 1852년까지 110만 명 이상이 굶어 죽었다. 아일랜드 대기근은 흔히 '감자 대기근'이라고도 불리는데, 이 비극은 단종 재배가 초래한 결과다. 몇 해 전 화제가 된 바나나 멸종 위기 사태의 원인도 단종 재배에 있었다.

들과 산에 있는 식물은 모두 이름이 있고, 저마다의 역사가 있다. 그런가 하면 인간이 만들어낸 과일과 채소, 화훼 품종도 각각 생겨난 이유가 있고, 나름의 가치가 있다. 도시에서 다양한 형태로 존재하는 원예식물들이 건강하게 우리와 공존하기 위한 방법 중 하나는 프랑스 사람들이 포도나 밀, 커피 같은 식물을 대하듯, 다양한 품종이 있음을 알고 폭넓게 소비하는 것이다. 다양성은 지구 생태계를 위해서도, 그리고 그 안에 속한 우리 인간을 위해서도 중요하다. 언젠가 인간의 손에 의해 탄생한 모든 과수, 채소, 화훼 품종이 각자의 초상화와 같은 그림 기록을 하나씩 가질 수 있다면 참 좋겠다.

쓸모없는
식물은
없다

평강식물원

모든 것이 처음

식물이 좋기는 했지만 원예학과로 대학에 진학하기까지는 고민이 많았다. 당시만 해도 식물 관련 직종이 한정적이었고, 식물을 직업으로 삼아 평생 함께할 수 있으리라는 확신이 서지 않았다. 식물만 보고 사는 게 얼마나 행복한 일이겠냐던 아빠의 말씀, 그리고 산업이 발전하면 할수록 사람들은 기본적인 것에 주목할 것이고, 결국 언젠가는 자연, 식물을 찾을 거라는 내 막연한 믿음으로 원예학과에 진학했다.

그리고 10여 년이 흘렀다. 그사이 내가 학교에 갈 땐 없었던 '플로리스트'라는 직업 이름도 생겨났고, 국가 공인 화훼장식디자인 자격시험도 생겼다. 건물을 지을 때 정원 크기를 정한 법안도 만들어졌고, 조경 회사와 조경가도 많아졌다. 수요가 늘면서 자신을 '원예가'로 소개하는 사람도 늘었다. 그렇게 식물을 매개로하는 직종이 늘어난 만큼, 식물에 대한 사람들의 관심도 커졌다. 내가 수목원에 다닐 때만 해도 모르는 사람이 많았던 '식물세밀화'에 사람들이 관심을 갖기 시작했다. 『세밀화집, 허브』를 찾아 읽는 사람도 있고, 세밀화 전시를 보러 오는 사람들도 있었다. 인터넷에 식물세밀화를 검색하면 나오지 않던 글도 많이 보이고, 식물세밀화를 배우고 싶다며 연락을 해오는 사람도 늘었다.

그런데 이건 내 예상보다 빨라도 너무 빨랐다. 나는 20년쯤 지나서, 로봇과 함께하는 생활이나 달나라 여행이 일반화될 만큼 과학기술과 산업이 발달할 때즈음, 아마도 내가 쉰이나 예순이 되었을 때쯤에나 우리나라 사람들이 식물을 좋아하게 되지 않을까 생각했다.

어쨌든 그 빠른 흐름을 타고, 식물세밀화를 필요로 하는 사람들의 작업 의뢰도 많아졌다. 나는 학업을 계속하면서 그림 그리는 일도 병행했다. 식물 칼럼에 들어가는 그림을 그리고, 패키지 디자인에 들어가는 그림도 그렸다. 처음엔 식물세밀화가 연구에만 필요한 게 아니라는 사실을, 그 다양한 가능성을 학계에 보여주고 싶은 마음이 컸지만, 일을 하면 할수록 결국 이 결과물들은 식물이 우리

삶 전반에서 얼마나 폭넓게 이용되고 있는지를 증명하는 일이 되었다.

식물세밀화가 이곳저곳에 활용되면서 나는 나름의 원칙을 세웠다. '기록'의 의의를 벗어나지 말 것. 식물 연구과정에 필요한 기록일 것. 디자인으로 활용되더라도 옛 식물세밀화처럼, 식물 산업 전반에 도움이 될 만한 그림을 그릴 것. 궁극적으로는 내 그림이 식물 종 보존에 도움이 되는가를 생각하며 작업을 하기로 했다.

그 시절, 선배가 있었다면 매일이라도 조언을 구했겠지만 내게는 선배도 후배도 없었다. 작업 비용은 어떻게 책정할지, 무엇을 협의해야 할지, 저작권은 어떻게 할지, 식물세밀화의 영역을 어디까지 확장할 것인지…… 모든 것이 처음이었다. 심지어 의뢰를 해온 이들 중에는 당장 다음 주까지 그림을 완성해줄 수 있는지, 혹은 식물을 변형해서 그릴 수 있는지를 물어오는 사람도 있었다. 내가 세밀화에 대해 말하고, 글을 쓰기 시작한 건 아마 이맘때부터였던 것 같다.

그즈음 강화도의 어느 회사에서 한 통의 메일이 왔다. 쑥을 원료로 한 상품을 제조하는 회사라고 했다. 스스로를 대표라고 칭한 분은 우리나라에서 자생하는 쑥을 이용해 향초, 뜸, 디퓨저 같은 제품을 만들고자 한다. 그러면서 이 제품에 식물세밀화를 넣고 싶다고 말했다. 평소에 나는 방향제나 화장품에 외국 약용식물들만 쓰이는 게 늘 아쉬웠다. 인삼이나 쑥, 귤 같은 허브식물들이 상품으로 개발된다면 좋을 텐데. 레몬이나 오렌지처럼 귤도 근사한 허브식물이 될 수 있는데. 이런 아쉬움을 충족해줄 만한 작업이 되리라는 생각이 들었다. 나는 그렇게 쑥을 그리기 시작했다.

ARTEMISIA
Artemisia princeps Pampanini

쑥*Artemisia princeps* Pampanini 도해도. 번
호순으로 꽃이 달린 줄기, 뿌리, 암술, 수
술, 씨앗.

쓸모없는 식물은 없다

봄이면 지천에 쑥이 피어난다. 쑥은 뿌리를 내릴 공간만 있으면 어디에서든 번식해 자란다. 누군가 심지 않아도 따뜻해진 봄 공기와 늘어난 해의 길이에 스스로 피어날 시기를 알고 잎을 틔운다. 쑥이 연두색 새잎을 틔울 때쯤, 사람들은 아름다운 프루너스속*Prunus* 봄꽃나무 정취에 빠져 땅을 볼 새가 없다. 쑥은 그렇게 조용히, 아무도 모르게 자라난다. 그러다 벚나무부터 시작해 개나리, 진달래 등 봄꽃이 떨어질 즈음, 마침내 노랗고 푸른 화려한 들풀이 꽃을 피운다. 그제서야 사람들은 땅에 핀 들풀을 쳐다본다. 하지만 이때도 눈에 띄지 않는 쑥꽃은, 다른 꽃들에 묻혀 제 모습을 드러내지 못한다. 쑥은 이렇게 늘 존재감 없는 들풀로, 잡초로 우리 곁에 있어왔다.

그런 쑥을 누군가는 하우스에 심어 물을 주며 가꾸고 수확해 시장에 팔아 큰 수익을 남기기도, 또 가공해 쑥뜸으로 만들어 비싼 값에 판매하기도 한다. 쑥은 잡초이면서 동시에 귀한 약용식물인 것이다.

작업을 해나가던 어느 날, 중국의 한 여성 과학자가 개똥쑥에서 추출한 아르테미시닌artemisinin 성분으로 항말라리아제를 개발해 노벨생리의학상을 받았다는 소식을 들었다. 자세히 들여다보지 않으면 지나치기 쉬운 작은 들풀들을 현미경으로 가만히 관찰하면서, 이 작은 풀이 그토록 강한 힘을 지녔다는 사실에 감탄이 나왔다. 그림을 완성하고 얼마 후, 나는 쑥 회사에서 정유한 오일로 만들었다는 향초와 디퓨저를 받았다. 옅은 연녹색 오일이 담긴 병을 열자, 씁쓰레하면서도 은은하고 깊은 향이 짙게 퍼졌다. 작은 들풀의 힘이었다.

개똥쑥 잎 형태.

최초의 식물세밀화

인류는 약용을 위해 식물을 연구하기 시작했다. 16세기, 최초의 식물학자라 할 수 있는 이들이 산에 올라 식물의 생태를 그림으로 기록하고, 생체를 채집했다. 그들은 식물의 약용 효과를 실험으로 증명해내고, 식물에 이름을 붙여 그림과 함께 효능을 기록한 약용식물 도감을 만들었다. 이렇게 의학의 일부로서, 약용식물을 얻기 위한 식물 연구가 식물학으로 발전한 것이다.

누군가는 의학의 일부로 시작된 것이 식물학 발전에 한계를 가져왔다고 하지만, 한계에 이르기까지의 발전이 그 덕분에 가능했음을 부정할 수는 없을 것이다. 인간은 너무나도 이기적인 존재이기에 쓸데없는 일에 오랜 시간과 돈을 투자하지 않는다. 우리가 수백 년간 식물을 연구해온 데는 식물이 잠재적으로 약용 효과를 지닌다는 믿음이 있었다. 연구를 해보니 식물은 인간의 기대 이상으로 유용했다. 식물은 약용을 넘어 식량 자원으로, 종이나 가구 등 여러 가공품으로, 심지어는 공기 정화에까지 이용되며 우리 삶 속에서 널리 활용돼왔다.

식물학이 약용식물 연구로 시작된 건, 인류가 식물을 바라봐온 태도를 짐작케 한다. 인간은 식물 자체를 위해서가 아니라 식물을 이용하기 위해서 연구를 시작했다. 약효가 증명되어야 비로소 제대로 된 이름이 붙여지고, 사람들에게 알려져 존재를 인정받을 수 있다. 식물의 가치는 인간에게 얼마나 이로운지에 달려 있고, 결국 그것은 인간이 결정한다. 꼬리에 꼬리를 무는 이런 생각들은 식물을 바라보는 내 태도를 반성하게 한다. 그러면 식물에게 미안해지고, 또 나는 그만큼 식물을 더 사랑하게 된다.

향초를 제작하는 데 쓰이는 종種은 강화약쑥이었다. 나는 전해받은 식물 생체를 다시 심어 기르며 쑥을 관찰하고, 그림을 그렸다. 그러다 기존 쑥과 비교해 관찰하는 게 좋겠다는 생각에 약용식물을 테마로 하는 평강식물원을 찾았다.

강화약쑥.

평강식물원 내 습지를 지나 오르면 펼쳐
지는 풍경.

평강식물원의 온실. 지금은 리모델링되어
이 모습은 볼 수 없다.

평강식물원은 동명의 한의원에서 운영하는데,● 한의원은 환자를 진단하고 처방·치료하는 역할도 하지만 한약의 재료인 식물의 약용 효과를 연구하고, 약재를 공수하거나 재배하는 일도 한다. 이곳에는 약용식물을 비롯해 우리나라의 자생식물들이 있다. 사실 나는 전에도 국립수목원의 약용식물 도감 작업을 하며 이곳을 자주 찾았다. 평강식물원은 한의원에서 운영하는 만큼 약용식물이 주로 전시되어 있다고 알려져 있다. 그런데 사실 식물은 모두 잠재적 약용식물이라고 할 수 있다. 그래서 이곳엔 잡초가 없다. 모두 이미 약효가 연구된, 혹은 앞으로 약효가 밝혀질 약용식물이다.

● 2020년 현재 이곳은 한의원에서 개인으로 소유주가 바뀌면서 '평강식물원'에서 '평강랜드'가 되었다. '랜드'가 되었다는 것은 공원의 성격이 커졌음을 의미한다. 아무래도 재정 위기를 자주 겪는 사립 식물원들은 관람객을 늘리기 위해 어쩔 수 없이 놀이공원이나 카페, 영화·드라마 촬영지로서의 역할을 강화하는 경우가 잦다. 이건 우리나라 사립 식물원의 슬픔이기도 하다. 그러나 평강랜드는 여전히 식물원이기도 하다. 20여 년 전에 수집해 식재한 '만병을 고치는 풀' 만병초 등 약용식물이 모여 있는 정원은 여전히 이곳의 정체성 그 자체라고 할 수 있다. 이런 기존 식물들을 기반으로 더 많은 대중을 끌어들이는 일이 앞으로 이곳의 과제일 것이다.

이곳 식물들의 이름표에는 우리가 식물의 어떤 부위를 약용하는지가 적혀 있다. 사람들은 그 부위가 우리 몸 어디에 좋을지 궁금해하며 식물을 한 번 더 들여다보곤 한다. 있는지조차 모르고 지나쳤던 길가의 서양민들레와 냉이, 꽃마리 같은 흔한 들풀도 이곳에서는 귀한 식물처럼 느껴진다. 식물을 관찰하다 말고, 사람들이 이 들풀들을 유심히 바라보는 모습을 보노라면, 이것으로 이 식물원이 제 역할을 다하고 있다는 생각까지 든다.

평강식물원의 이름표.

식물아 미안해

약용식물을 그릴 때는 뿌리가 특히 중요하다. 약용식물에는 도라지, 반하, 둥굴레, 냉초처럼 뿌리를 이용하는 식물이 많아, 뿌리만 보고도 종의 식별이 가능해야 하기 때문이다. 그런데 뿌리를 그리려면 한 개체 이상은 뿌리째 뽑아야 한다. 채집을 하며 나는 죄책감이 들었다.

식물을 그리면서 늘 마음 쓰이는 부분이 이 과정이다. 종 보존을 위해 그림을 그리고 기록을 남긴다지만, 그림을 그리기 위해서는 관찰할 개체가 필요하다. 한 장의 그림을 남기려면 한 개체 이상의 희생이 뒤따를 수밖에 없다. 번식에 해가 되지 않도록 여러 개체가 있을 때만 한두 개체를 채집하긴 해도, 결국 그 개체의 희생으로 전체 식물 종의 보존이 이루어지는 셈이다. 그것이 나뭇가지 하나라면 큰 해가 되진 않지만, 뿌리까지 채집하면 그 개체는 이 세상에서 완전히 사라지게 된다. 이 순간만은 채집 봉투 안의 식물에게 난 밀렵꾼이나 사냥꾼과 같은 존재일지도 모른다. 식물을 채집할 때는 늘 마음속으로 그들에게 용서를 빈다. '네 희생이 헛되지 않도록 정확히 잘 그려서, 네 친구들의 삶에 도움이 되도록 할게.'

식물학과
식물학자

큐왕립식물원

좋은 걸 많이 봐야 좋은 일을 할 수 있다

수목원에 처음 들어갔을 때 일주일에 이틀은 초빙연구원 선생님의 일을 도왔다. 새하얀 머리에 안경을 낀 그분은 이미 정년 퇴직한 할아버지 박사님이었는데, 1960~1980년대 최초의 농원인 자연농원(지금의 에버랜드), 그리고 농촌진흥청원예시험장(지금의 국립원예특작과학원)에 몸담았던 우리나라 1.5세대 원예학자다. 선생님은 평생 식물 사진을 찍어왔다. 우리나라의 식물뿐 아니라 외국 출장을 가거나 여행을 가서도 보이는 식물마다 모두 사진으로 기록했고, 그렇게 평생을 찍은 사진이 집 서재 책장을 가득 메웠다고 한다. 당시만 해도 디지털카메라가 없을 때라 선생님은 모든 사진을 필름으로 현상해 보관 중이었다. 그리고 이제는 막바지 작업으로 이 사진들을 국가 표본관에 기증해 보관하려 한다고 했다. 표본관은 식물 기록물이 보존되어 있는 곳으로, 사진 기록물도 수집한다.

사진은 필름 그대로 필름 책 안에 빼곡히 들어 있었다. 꺼내보면 흰 프레임 안에 필름 하나가 있고, 희미한 사진 속 식물의 형태는 고개를 들어 햇빛에 비추면 선명해졌다. 프레임에는 사진을 찍은 날짜와 간단한 장소 정보가 필기체로 쓰여 있었다. 어떤 건 "1960년 구라파에서", 또 어떤 건 "198x년 케이프타운에서"라고.

선생님은 매주 화요일, 목요일마다 출근해 당신의 사진 속 식물을 들여다보고, 동정同定(식물의 분류군을 결정하는 일)했다. 나는 식물 속명을 찾아 선생님께 건네거나 선생님이 동정한 식물명을 기록해 데이터화했다.

선생님은 사진을 들여다보면서 종종 그 시절 이야기를 들려주었다. 루페로 튤립 사진을 보며 "이건 네덜란드 꽃 축제에서 찍은 사진이네. 네덜란드 가봤나? 가봐. 참 좋다. 우리가 못 보던 튤립이 무척 많다고. 네덜란드에 가면 화훼 경매에 꼭 가봐. 경매하는 거 보면 시스템이 아주 철저하고 대규모라고". 또 케이프타운에서 찍은 선인장 사진을 보며 "케이프타운에 우리가 이용하는 원예식물 반 이상은 있다고 보면 돼. 원산지가 케이프타운이랑 마다가스카르인 식물이 참 많아". 이따금은 내가 먼저 질문을 하기도 했다. "자연농원이 처음으로 만들어진

농원이죠? 처음 만들어질 때 어땠어요, 선생님?" "하, 참. 그때 생각하면…… 그 땐 거기가 허허벌판이었다고. 여기저기에 있던 원예 전문가들이 모여서 여기를 누가 오겠나 했는데, 서울에서 사람들을 셔틀로 데려오기로 한 게 참 대단한 일이었어……." 내가 태어나기도 전의 우리나라 식물계 이야기는 생소하면서도 흥미진진했다. 어디서 볼 수도 들을 수도 없는 이야기들.

　나는 2년 동안, 일흔이 넘은 연세에 여전히 식물을 찾아 사진을 찍으러 다니고, 책을 들추며 공부를 하는 선생님으로부터 식물 연구하는 사람이 가져야 할 구체적인 태도를 배울 수 있었다. 눈에 보이는 식물을 최대한 많이 기록하는 게 좋다거나, 식물 기록물을 만들 때는 현장에서 모든 정보를 기록해두어야 그 가치를 발휘할 수 있다거나, 그 데이터들을 어떻게 보관해야 하는지, 혹은 우리나라의 식물 연구, 산업 역사에 빗대 내 미래를 어떻게 구체적으로 그려가야 하는지 등. 내가 식물이 있는 곳을 되도록 자주 찾는 것, 식물세밀화 외에 사진이나 글과 같은 기록을 많이 남기기 위해 노력하게 된 데는 선생님의 영향이 컸다.

선생님의 식물 사진 필름.

큐왕립식물원 정경.

"좋은 걸 많이 봐라."

　좋은 걸 많이 봐야 좋은 걸 만들 수 있고 그릴 수 있다. 선생님이 늘 하던 말씀이다. 그러면서 선생님은 항상 런던의 큐왕립식물원 이야기를 했다. 세계에서 가장 식물 문화가 발달한 나라 영국, 그리고 그곳의 대표 식물원인 큐가든 말이다.

식물학과 식물학자 _ 큐왕립식물원

큐가든을 대표하는 대온실,
팜하우스Palm House.

늘 남보다 한발 앞선다는 것

식물을 공부하는 친구들을 만나면 아무래도 식물 이야기로 대화가 흘러가기 마련이다. 분류학, 조경학, 생태학, 원예학…… 전공은 서로 달라도 식물을 일삼고 있으니 대화는 끊이지 않고, 그 대화의 끝엔 늘 큐가든이 등장한다. "언젠간 큐가든에 가보고 싶다!" "큐가든에서 일하고 싶다!"

큐가든은 영국 런던 서남부 큐에 위치한 식물원으로 1759년에 개원해 수백년간 식물을 조사·수집해오며, 조지프 뱅크스처럼 식물학에 크게 공헌한 식물학자들을 배출한 세계적 식물 연구기관이다. 정식 명칭은 큐왕립식물원Royal Botanic Gardens, Kew 하지만 보통은 '큐' 혹은 '큐가든'이라고 불린다.

식물원에는 여러 식물학자botanist가 있다. 멀리서 뭉뚱그려 보면 한 종인 듯 보이지만, 가까이서 보면 다양한 종이 존재하는 식물들처럼 식물학자도 다 같은 일을 하는 듯 보이지만 자세히 들여다보면 다양한 전공의 직군으로 세분화된다.

도시가 형성되기 전에는 산과 들에서 식물을 조사하고 채집하여 식물을 기록하고 이름을 붙이던 분류학자를 식물학자라고 불렀다. 하지만 지금은 식물의 유용성을 연구·증명하며 식물을 증식하고 품종 개량해 도시 사람들에게 널리 퍼트리기까지의 전 과정에 관여하는 생태학자, 원예학자, 조경학자까지도 모두 식물학자라고 한다.

그런데 큐가든이 식물학자를 부르는 방법은 조금 다르다. 2017년 현재 조직도만 보더라도 보존과학, 수집, 생물 다양성 및 공간 분석, 과학 디렉터, 식물과 균 생물학 비교 연구, 식물 식별 및 명명 등으로 각 팀이 세분화되어 다양한 전공의 식물학자들이 프로젝트를 진행한다. 식물 조사원researcher만 해도 종 보존, 종자 보존, 종 분화, 식물과 균 비교 등 여러 분야에서 세분화된 역할을 수행한다. 또 조사 장소에 따라 마다가스카르, 아이슬란드 등의 협업 조사원들도 있다. 물론 이곳에는 식물학 그림 작가도 있다.(이들은 주로 프로젝트 단위로 활동한다.) 이렇게 전공이 다양하고 세분화된 전문가들이 있다는 건, 큐가든의 식물 연구가 얼마나 깊이 있게 진행되는지를 보여주는 예라 할 수 있다.

큐가든이 일류 식물 연구기관으로 손꼽히는 건 어제오늘의 일이 아니다. 섬나라인 영국은 이미 수백 년 전부터 자연 자원의 중요성을 인식해 영국 내 식물을 조사하고 수집하기 시작해서 유럽 전역, 나아가 아프리카와 아시아에까지 식물학자를 파견해 자국에서 볼 수 없는 다양한 식물 종을 조사·수집·기록했다. 이들을 플랜트헌터plant hunter라 부르는데, 플랜트헌터들의 수집물은 영국이 식물을 연구하는 데 중요한 자료로 쓰였다.(후에 희귀식물에 대한 대중적 관심이 높아지면서 플랜트헌터가 급격히 늘어 식물 수집이 악용된 사례도 있지만.) 이들의 활동은 큐가든이 최고의 식물 연구기관으로 성장하는 밑거름이 되었다.

가끔 사람들은 내게 식물을 기록하는 것이 우리 인류에게 어떤 의미가 있느냐고 묻는다. 그 대답을 바로 이 큐가든과 영국의 식물 문화를 두고 이야기할 수 있을 것 같다. 영국은 오래전부터 식물을 가까이하고, 정원을 가꾸는 식물 문화가 활발했다. 식물 문화라는 말이 유난스럽게 느껴질 만큼 식물을 삶의 일부로 여긴다. 영국 사람들이 가장 좋아하는 취미가 축구와 가드닝이라고들 하는데, 매년 열리는 첼시플라워쇼가 월드컵과 올림픽처럼 텔레비전 공중파 채널에서 중계될 정도로 영국 사람들의 식물 사랑은 각별하다.

큐가든에서 한가로운 시간을 보내는 사람들.

이런 식물 문화가 형성될 수 있었던 배경에는 플랜트헌터와 그들의 집결지였던 큐가든의 역할이 컸다. 플랜트헌터가 수집하고 기록한 다양한 기록물은 그 자체로 식물 존재의 시공간적 증거이면서, 식물을 이용할 수 있도록 하는 자원화 연구의 바탕이 되었다. 우리가 항암 효과에 좋다는 식물을 약으로 먹고, 공기 정화에 이롭다는 식물을 방 안에 두고, 미세 먼지를 줄여줄 가로수를 심는 것은 모두 플랜트헌터와 식물학자들이 남긴 기록물로부터 시작된 연구의 결과다. 문화가 우연처럼 어느 순간 생겨나는 게 아님을 우리는 식물을 통해서도 알 수 있다.

플랜트헌터가 수집해 심어놓은 바늘잎나
무들(왼쪽 위, 오른쪽 아래)과 분화로 관리되
는 식물들.

수생식물 온실과 아열대 온실.

큐가든 주변에 사는 주민들은 큐가든을
가로질러 다니는 게 일상이다.

큐가든의 너른 정원 곳곳에서는 그 시절 플랜트헌터들이 채집해 영국으로 가
져온 식물들이 자라고 있다. 한 세기 전에 심은 모종은 이미 꼭대기가 보이지 않
을 만큼 거대한 나무가 되었고, 그들로부터 번식해 자란 나무는 큐가든을 나가
서 영국 내 여러 공원과 정원에 심겼다. 큐가든의 큰 나무는 모두 그 높이만 한
사연을 가지고 있다.

식물사에서 중요한 역할을 하는 몇몇 식물 개체는 헤리티지트리heritage tree라는 컬렉션으로 특별히 관리된다. 최근에는 식물학 그림 작가에 의해 이 식물들의 생태가 그림으로 기록되는 프로젝트가 진행되었고, 이름표에는 식물의 초상화라 할 수 있는 식물학 그림이 추가되었다.

헤리티지트리 이름표. 이름표에는 헤리티
지트리 컬렉션 프로젝트 때 기록한 그림이
있다.

큐가든은 직접 기록하거나 수집한 기록물을 소장 및 전시하는 데 그치지 않고 이 그림들을 오래도록 좋은 상태로 보존하기 위한 기술을 활발히 연구 중이다. 영국 안팎의 식물학 그림 작가들과의 협업 프로젝트를 통해 세계 곳곳의 식물을 영국 국민에게 전시 및 출판으로 소개하고, 그것들을 상품으로 제작해 판매하기도 한다. 사람들은 이로써 식물에 관심을 갖고, 식물 종 보존에 대해서도 책임의식을 느낀다.

식물학 그림 전시와 교육이 진행되는 셜리셔우드 식물학 그림 갤러리The Shirley Sherwood Gallery of Botanical Art.

식물학과 식물학자 _ 큐왕립식물원

　원산지가 분명한 식물들로 둘러싸인, 잘 관리된 정원과 온실의 식물들을 보면서, 수백 년간 식물 연구를 최전방에서 계속해온 큐가든의 정신을 생각해보게 된다. 멀리서 바라본 큐가든은 진취적이고 열정적인 신진 식물학자처럼 보이지만, 그 안을 거닐수록 어쩐지 오래도록 홀로 묵묵히 식물을 연구해온 중견 식물학자의 외로움과 고독함이 느껴진다.

식물을
기록하는
일

암스테르담식물원

파란 화분의 야자나무

어릴 적 집에서 찍은 내 사진엔 늘 파란 화분의 야자나무가 함께 있었다. 파인 애플 모양의 그 야자나무는 어쩌다 우리 집에 왔는지 모르겠지만, 서너 살 때부터 늘 현관 앞에 있었다. 그런데 앨범을 넘겨보면 초등학교 무렵의 사진부터는 그 화분이 보이지 않는다. 아마 이사를 다니다 사라진 것 같다. 대학교에 들어가고 식물을 공부하면서 문득 그 야자나무의 품종이 궁금해 이름을 찾아보았지만, 어디에서도 같은 품종을 발견할 수 없었다. 그래서 내 기억엔 그저 '파란 화분의 야자나무'로 남아 있다.

도시의 식물 풍경은 늘 변해왔다. 도시 식물들은 소비자들의 입맛에 따라 그들에게 선택받으면 보존되고, 선택받지 못하면 멸종되는 원예 산업 안에서 항상 어떤 식으로든 모습을 바꿔왔다. 1980년대에 인기 있던 그 야자나무는 얼마 뒤 더 아름다운 신품종이 나타나면서 찾는 사람이 차츰 줄고, 결국 재배하지 않게 되었을 것이다. 그렇게 소리 소문 없이 우리 집 야자나무 종은 자취를 감추었다.

인간은 늘 새로운 걸 원한다. 도시는 언제나 우리가 고르는 새로운 식물들로 채워져왔다. 미세 먼지에 숨 막힐 때는 공기정화식물이, 발암 물질이 문제일 때는 약용식물이, 단맛을 찾는 사람이 많아지면 토종 과일보다 열대 과일이 더 많이 재배됐다. 그 변화 속에서 가장 오래도록 우리와 함께해온 화훼식물이 바로 관엽식물이다.

관엽觀葉식물은 이름 그대로 잎을 관상하는 식물을 말한다. 대개 남아프리카 공화국 케이프타운이나 마다가스카르, 그리고 라틴아메리카 등 아열대 기후 지역이 원산지다. 우리가 집에서 흔히 키우거나 개업식 혹은 집들이용으로 선물하는 고무나무나 드라세나, 디펜바키아 등이 모두 여기에 속한다. 관엽식물은 미국 항공우주국NASA에서 증명한 공기정화식물들이고, 물을 매우 자주 주지 않아도, 햇빛이 강하지 않아도 잘 죽지 않아 언제나 가장 사랑받는 화훼식물이다.

Foliage

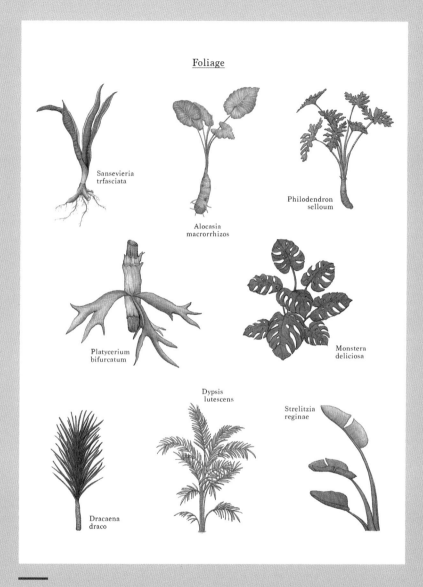

Sansevieria trfasciata

Alocasia macrorrhizos

Philodendron selloum

Platycerium bifurcatum

Monstera deliciosa

Dypsis lutescens

Strelitzia reginae

Dracaena draco

2017년 우리나라에서 주로 이용되던 관엽 식물들. 우리는 이들을 흔히 산세베리아, 알로카시아, 필로덴드론, 박쥐란, 몬스테라, 드라세나, 야자, 극락조라는 이름으로 부르고 이용한다.

쾨켄호프 꽃 축제에 다녀온 다음 날, 암스테르담 시내에 있는 암스테르담식물원에 들렀다. 암스테르담식물원에는 관엽식물의 대표 식물군이라 할 수 있는 야자나무류의 다양한 팜palm이 식재된 대온실이 있다.

온실로 들어가기 위해서는 네덜란드의
자생 들풀과 나무가 양쪽으로 식재된
정원을 지나야 한다.

암스테르담식물원의 대온실은 멀리서 보아도 지어진 지 수백 년은 돼 보였고,
큰 정문으로 들어서자 2층까지 높게 트인 천장이 보였다. 건축물만으로도 매력
적인 공간이다.

온실엔 다양한 팜과 드라세나, 고무나무와 같은 식물들이 자라고 있었다. 대개는 땅이 아닌 화분에 심겨 재배되고 있었는데, 이건 온실이 오래돼 형태만 유지할 뿐 온실로서의 제 기능을 못한다는 뜻으로 볼 수 있다. 시설이 낙후된 게 주된 이유일 것이다. 영국 큐왕립식물원의 대온실이나 우리나라 창경궁 대온실이 그렇다. 화분들은 온실의 실내 분위기와 잘 어울려 눈에 거슬리지 않는, 하나의 건축 요소 같은 느낌을 주었다.

온실 한쪽에는 온실에 전시될 식물들을 재배하는 증식 온실이 있다. 식물 대기실 같은 곳. 이곳에서 할아버지 원예가가 화분에 물을 주고 있었다.

식물을 기록하는 일 _ 암스테르담식물원

식물 기록물

본격적으로 식물을 자세히 보기 전에 온실을 한 바퀴 둘러보았다. 아레카야자 사이를 지나 적갈색 나무로 된 유리장이 보였다. 작은 온실로 보이는 유리장에는 여러 형태의 식물 기록물이 전시되어 있다.

유리장은 작은 표본관 같았다. 정확히 말하자면 국립수목원의 가장 구석진 곳에 있던 표본실 하나. 그 표본실은 수목원에서 제작된 식물학 그림들과 식물학 그림용 액자, 다른 기관에서 수집했다는 씨앗과 아직 동정이 안 된 건조 표본, 그리고 수목원에서 만든 책 등의 기록물로 가득 채워져 있었다. 그 안에선 민들레 한 종이 납작한 표본으로, 채색된 식물 그림으로, 알코올 속의 색 바랜 생체로…… 그렇게 다양한 형태로 존재했다.

나무 장 하나에는 아직 모종인 야자나무
몇 그루가 들어 있었다.

다양한 형태의 식물 기록물. 모두 식물 종
의 시공간적 증거일 뿐 아니라 식물 연구
의 중요한 데이터베이스다.

작업실의 책상은 늘 식물 수집·채집, 관찰, 기록을 위한 도구로 가득하다.

식물 연구의 시작과 끝엔 언제나 기록물이 있다. 산에서 채집한 식물의 이름이 무엇인지 기존 기록물로 확인하고, 자원화 연구를 위해 DNA를 채취하는 것도, 이 식물의 최초 기록이 어디에 있는지를 확인해 로열티를 책정하는 것도 기록물이 있어서 가능한 일이다. 나는 식물을 그리지만 채집한 식물로 납작한 건조표본이나 알코올 냄새가 진동하는 액침 표본도 만들고, 사진도 찍는다. 채집 날짜와 장소 GPS는 물론이고 채집 당시의 생태 모습 등도 기록한다. 내가 만든 이 기록물들이 식물학 그림과 표본, 사진으로 묶일 수 있도록 번호를 붙이는 것도 잊지 않는다. 후에 이 기록들은 표본관에 소장돼 또 다른 연구자를 위한 자료가 될 수도, 언제 어디에 이 식물이 존재했는지를 증명하는 중요한 증거가 될 수도 있다.

야자나무 관련 기록물과 함께 한편에는
암석과 야자나무 열매, 씨앗 표본, 그리고
식물학 그림이 있었다.

　　암스테르담식물원 온실에 있는 책장에는 내가 만들었던 것과 비슷한 식물 기
록물들이 전시되어 있었다. 야자나무의 씨앗 표본, 납작해진 건조 표본, 그리고
언제 찍었는지 알 수 없지만 적어도 수십 년은 돼 보이는 흑백사진과 야자나무
수형이 드러나는 그림 몇 점. 유리장 안의 기록물들을 보면서 그걸 만들었을 사
람들을 생각했다. 채집 가위와 야장 같은 걸 들고 숲을 헤매며 야자나무를 발견
해 채집해왔을 조사원, 오랜 시간 식물이 건조되기를 기다렸다 종이에 바느질을
해 표본을 만들었을 표본 제작자, 야자나무를 관찰하고 그림으로 그렸을 식물학
그림 작가. 그들을 생각하니 유리장에서 걸음이 떨어지지 않았다.

야자나무, 팜

팜은 야자나무과 식물을 통칭한다. 야자나무과 식물은 세계적으로 2500여 종이 있는데, 열대, 아열대에 고루 분포한다. 이들은 지구상에서 가장 오래된 식물 중 하나이며, 우리나라 사람들이 소나무와 전나무 같은 침엽수를 좋아하듯, 유럽 사람들은 이 야자나무과 식물들을 좋아한다.

야자는 인간에게 가장 이로운 나무 중 하나다. 화훼식물로서 관상용 아름다움을 선사할 뿐 아니라, 공기 정화 효과도 있고, 경제적으로도 중요한 식물 자원이다. 그렇게 인류와 함께 진화해온 야자의 과육은 술, 과자, 기름, 음료, 화장품 등을 만드는 데 쓰이고, 중과피는 섬유 자원, 내과피는 연료로 쓰였으며, 잎은 모자나 매트를 만들고 지붕을 덮는 데도 활용됐다. 우리에게 이로운 식물이다 보니 연구도 활발히 이루어져 식물학 그림 기록 또한 많이 남아 있다.

온실에는 야자나무뿐 아니라 고무나무, 드라세나, 디펜바키아 등 우리가 집 안에서 흔히 기르는 다양한 품종의 식물이 식재돼 있다. 나는 야자나무들부터 품종 이름을 적고, 한국에서도 볼 수 있는 종을 중심으로 스케치하기 시작했다. 카나리아야자, 대왕야자, 코코야자, 공작야자 등 멀리서는 다 비슷한 야자나무처럼 보이지만 그리면 그릴수록, 자세히 들여다보면 볼수록 전혀 다른 식물처럼 느껴졌다.

우리나라는 연중 최저 기온이 낮다. 그렇다 보니 거의 모든 식물의 잎이 가늘거나 작다. 하지만 관엽식물들은 다르다. 아열대가 원산이고, 광합성량이 많아 잎이 넓다. 언젠가 베트남으로 식물 조사를 다녀온 동료 식물학자가 베트남의 식물은 모두 잎이 넓어 표본으로 만들 때 신문지에 잎이 다 들어가지 않기 때문에, 잎을 조각 낸 뒤 신문지 사이에 눌러 여러 개의 표본을 만들었다는 이야기를 한 적이 있다.

다양한 종의 야자나무가 화분에 심겨 자
란다. 우리가 집에서 키우는 관엽식물과
같은 종도 있는데, 늘 보던 크기가 아니어
서 전혀 다른 종처럼 느껴진다.

한편 야자나무의 품종 차이는 대개 잎의 모양에서 드러난다. 잎을 관상하는 식물인 만큼 잎 중심으로 개량·육성돼왔기 때문이다. 가져온 자를 꺼내 길이를 재고, 잎을 중심으로 관찰해 그림을 그렸다. 한국 자생식물을 그릴 때는 이렇게 크고 넓은 잎의 식물을 그린 적이 없었는데, 줄기부터 잎까지 작은 종이 안에 다 넣으려니 어떤 구도로 그려야 할지 고민이 됐다. 결국 잎을 큰 배경으로 두고 식물 전체 모습을 잎 안에 가둔 형태로 대부분의 그림을 완성했다.

서울에 돌아와 야자나무를 보면 내가 처음으로 스케치했던 암스테르담식물원의 야자나무들이 떠오른다. 나중에 자생지에서의 모습을 보러 싱가포르를 찾아가 야자나무를 실컷 보기는 했지만, 어쩐지 암스테르담에서 본 조화로운 야자나무 분화 풍경이 내 뇌리에 깊이 박혀 있다.

온실의
양치식물

한국도로공사수목원

베를린다렘식물원의 온실.

온실

"겨울에는 식물이 없어서 심심하시겠어요." 사람들은 말한다. 모르는 소리. 겨울에도 볼 식물은 많다. 사계절 푸른 상록수(늘푸른나무)가 지천에 있다. 나무들은 꽃과 열매를 맺듯 겨울눈을 피운다. 노지의 식물이 지루해질 때쯤엔 온실에 갈 수도 있다.

나는 온실에 가는 걸 좋아한다. 노지의 식물이 내년을 기약하며 동면에 들어가면, 온실을 찾아다닌다. 입김을 호호 불며 한겨울의 공기를 지나 온실 문을 여는 순간, 나는 남쪽 제주도로도, 저 먼 라틴아메리카의 열대우림으로도, 마다가스카르의 사막으로도 갈 수 있다. 온실은 저 넓고 먼 세계의 숲으로 나를 데려다놓는다.

한겨울에 푸릇푸릇한 식물을 그려달라는 제안을 받으면, 고민에 빠지곤 한다. 그림을 그리려면 생체나 표본이 필요한데…… 특히 색이 있는 그림은 생체를 보고 그려야 하고…… 하지만 이 겨울에 구할 수 있는 식물이 어디 있담. 그때 내 머릿속에 떠오르는 곳은 다름 아닌 온실이다. 온실의 식물을 그리면 되겠다!

다렘식물원의 난대 온실. 따뜻한 기후대
에 사는 식물들을 볼 수 있다.

온실은 식물이 살아갈 수 있도록 햇빛의 양이나 온도, 습도 등 생육 환경을 조절해줄 수 있는 시설이다. 자연의 일을 인간이 대신한다고나 할까. 식물이 살만한 환경을 인위적으로 조성할 수 있기에, 매섭게 추운 겨울에도 선인장과 다육식물을 볼 수 있고, 1년 내내 더운 동남아시아에서도 한대식물인 침엽수를 만날 수 있다.(온실을 떠올리면 따뜻한 기후의 식물만 있다고 생각하기 쉽지만, 아열대 기후의 라틴아메리카나 동남아시아에는 추운 환경을 좋아하는 침엽수나 난과식물을 재배하는 한대 온실도 많다.)

사막 온실에는 건조하고 더운 사막에서 살아가는 식물들이 있다. 사진은 일본 쓰쿠바식물원.

온실의 양치식물 _ 한국도로공사수목원

급속도로 발전한 시설 원예 기술로 인간은 자연의 제약을 받지 않고 원하는 식물을 원하는 때에 재배할 수 있게 되었다. 최신식 설비를 갖춘 최대 규모의 온실이 곳곳에 세워지면서 온갖 기후대의 식물들을 어디에서나 만나볼 수 있게 된 우리는 한겨울에도 벚꽃과 장미를 감상한다. 어느 때나 여름 과일과 봄나물을 먹을 수 있는 일상도 자연스러워졌다. 영국의 이든프로젝트Eden Project, 싱가포르의 가든스바이더베이Gardens by the Bay 등은 손꼽히는 대규모 온실형 식물원으로, 전 세계의 많은 사람이 이곳을 찾아온다.

이런 내로라하는 온실들을 두고, 내가 '온실' 하면 전주의 한 작은 양치식물 온실을 가장 먼저 떠올리는 건 누가 봐도 이상한 일일 듯하다. 대규모 온실이 있으면, 이렇게 한 분류군만을 위한 소규모 온실도 있다. 크고 작은 온실들의 공존은 그렇게 생물 다양성과 종 보존에 기여한다.

싱가포르의 가든스바이더베이.

포자의 과학, 양치식물

　나는 국립수목원의 양치식물 스터디 동아리에 들면서부터 양치식물에 관심을 갖게 됐다. 수목원에선 우리나라에서 자생하는 양치식물들을 그림과 글로 기록해 한데 모아 도감으로 펴냈고, 그 뒤 양치식물에 관심 있는 직원끼리 그 도감을 자료 삼아 자율적으로 양치식물 공부를 시작했다.

　식물을 연구하는 사람들에게 가장 흥미로운 식물은, 이미 잘 알려져 있거나 널리 이용되는 식물보다 아직 미지의 세계에 있는 식물이다. 양치식물은 지구상에서 가장 오래된 식물군이다. 그런데도 아직 알려지지 않은 이야기, 연구될 여지가 무한하다. 나를 포함한 동료 식물학자들에게 양치식물은 그야말로 매력적인 연구 대상이었다.

사람들에게 양치식물이란 곧 고사리고, 고사리는 그저 고사리일 뿐이다. 예쁜 꽃을 피우지도, 맛있는 열매를 맺지도 못하고, 약으로 이용할 수도 없는 그냥 고사리. 그런데 이 고사리를 자세히 들여다보면 꽃보다 더 아름다운 '포자'라는 기관이 있다. 잎 모양은 그 어떤 관엽식물보다 더 다양하고 화려하며, 잎이 나기 시작할 때 돌돌 말리는 각도에선 기하학적인 아름다움이 느껴진다. 그 모습을 볼 때마다 그리고 싶다는 생각이 간절했다. 나는 한겨울에 양치식물군을 그리기로 하고, 양치식물 온실을 찾았다.

국립수목원에서 양치식물을 공부할 때 수집한 여러 양치식물 표본의 잎. 뒷면에는 포자가 다닥다닥 붙어 있다. 포자낭군의 색과 형태는 종마다 다르다.

햇빛이 가득 들어오는 열대 혹은 아열대
온실과 달리 양치식물 온실은 그늘져 있
다. 양치식물이 습하고 어두운 환경을 좋
아하기 때문이다.

전주 시내를 벗어난 곳에 옛 전주수목원인 한국도로공사수목원이 있고, 수목
원 한가운데 양치식물만을 위한 온실이 있다. 내가 좋아하는 온실에, 내가 좋아
하는 양치식물이 있으니 좋아하지 않을 수 없지만, 이 온실이 특히 마음에 드는
이유는 그야말로 양치식물스러운 온실이기 때문이다. 건축물과 그 안의 공기,
그리고 식재된 양치식물의 모양새가 꼭 하나같다. 온실은 습한 환경을 좋아하는
양치식물처럼 반지하의 낮은 지대에 위치해 계단을 내려가야 들어갈 수 있다. 온
실에 들어서면 그 축축하고 습한 공기가 건축물, 식물과 어우러져 하나가 된 느
낌이 든다. 온실이 그 자체로 양치식물 같다고 할까.

햇빛을 가리기 위해 온실 전반은 검은 천에 둘러싸여 있다. 침침한 온실 속, 축축한 공기에 섞여 든 양치식물과 이끼의 균 냄새가 코를 저릿하게 했다. 습한 공기에 창가에는 이슬이 맺혔고, 유리창은 밖이 보이지 않을 만큼 습기로 뿌옜다. 온실에서는 다양한 자생 양치식물이 바위틈 사이로 자라났다. 고비*Osmunda japonica* Thunb., 속새*Equisetum byemale* L., 낚시고사리*Polystichum craspedosorum* (Maxim.) Diels, 넉줄고사리*Davallia mariesii* T. Moore ex Baker, 골고사리*Asplenium scolopendrium* L., 공작고사리*Adiantum capillus-veneris* L. 등이 보였다.

온실의 양치식물 _ 한국도로공사수목원

지구에 생물이 출현한 이래 가장 오래도록 생존해온 양치식물은 늘 식물도감 첫 페이지의 주인공을 차지한다. 자연사박물관의 화석에도 흔적이 남아 있다. 현재 지구상에는 1만여 종의 양치식물이 존재한다. 양치식물은 아열대부터 한대 기후까지 고루 분포하는데, 한대로 갈수록 그 수는 줄어든다. 이들은 여전히 영역을 넓혀 번식 중이며, 그 과정에서 새로운 종이 생겨나기도 한다.

양치식물은 봄이면 뿌리에서 잎이 난다. 둥글게 말린 잎은 늦봄에서 초여름이면 길게 퍼져 제 모양을 갖춘다. 연둣빛 잎은 장마가 지나면 짙은 초록빛을 띠고, 이때 잎 뒷면에선 포자가 익기 시작한다. 포자가 피어나는 초여름에 양치식물 옆에 쪼그려 앉아 잎 뒷면의 그 다양한 무늬를 보고 있노라면, 화려한 꽃을 볼 때와는 또 다른 아름다움, 오랜 생존의 역사에 대한 경이로움이 느껴진다.

둥글게 말려 피어나는 잎.

양치식물의 번식은 포자로 이뤄진다. 포자는 일종의 균류인데, 양치식물을 포함해 버섯, 곰팡이, 이끼류 또한 포자를 통해 번식한다. 하지만 양치식물을 언뜻 보아서는 포자를 발견할 수 없다. 대개는 잎 뒷면에 전체적으로 다닥다닥 붙어 있기 때문이다. 조그만 포자가 모인 포자낭군은 양치식물 종마다 색과 무늬가 다르다. 현미경으로 관찰하지 않아도 포자낭의 색과 무늬, 잎의 모양으로 양치식물을 어느 정도 식별할 수 있다.

나는 몸을 꼬아 고개를 이리저리 숙이고, 직접 잎을 돌려 포자낭군과 그 안의 포자를 자세히 들여다보았다. 뚜렷한 형태로 익은 포자들. 둥글거나, 긴 곡선이거나 직선이거나, 잎 전면을 사선으로 그은 듯한 포자낭군을 들여다보면 이상한 희열 같은 것이 차오른다. 눈으로만 관찰하다가, 사진을 찍거나 연필로 스케치를 하고, 식물의 이름을 길게 나열해 적어본다. 이 온실에서 만큼은 양치식물이 세상의 전부인 듯 느껴졌다.

온실에 있는 다양한
양치식물 포자낭군 형태.

온실의 양치식물 _ 한국도로공사수목원

전주에서 돌아온 후에도 꾸준히 양치식물을 기록했다. 그리고 서너 달 후, 우리나라에서 자생하는 큰지네고사리 *Dryopteris fuscipes* C.Chr. 그림을 완성했다. 국립수목원과 제주도에서 수집해 그린 큰지네고사리는 삽화로 들어가거나 전시돼 사람들에게 양치식물을 이야기하는 매개가 되어주었다.

나는 여전히 길가에서 양치식물을 보면 발걸음을 멈추고 가만히 들여다보거나 잎 뒷면의 포자를 찾아보고, 사진을 찍는다. 종종 돌돌 말린 잎을 펴 건조 표본으로 눌러놓기도 하고, 스케치 노트를 펴 기록을 남기기도 한다. 책방에 들르면 양치식물 책을 잔뜩 살 때도 있다. 그리고 1년에 한 번은 꼭 이 양치식물 온실에 다녀온다. 언젠가는 양치식물들을 제대로 그리고 싶다는 바람을 갖고. 내 양치식물 그림에선 축축한 냄새가 났으면 좋겠다. 그들이 모여 사는 숲과 온실에서 맡았던 그 냄새 말이다.

큰지네고사리 도해도.

식물 문화의 풍경,
틸란드시아와
리톱스

쓰쿠바식물원

식물을 바라보는 태도

식물을 공부하는 데 도움이 될까 싶어 절화와 분화, 원예 용품을 판매하는 대형 상점에서 아르바이트를 한 적이 있다. 우리나라 사람들이 식물을 재배하고 소비하는 현장을 경험해보고 싶었던 나는 일주일에 두어 번 아침 10시부터 저녁 8시까지 매장의 식물들을 관리하고 판매했다.

손님들은 식물을 바라보며 고민하다 내게 질문을 던지곤 했다. 질문은 크게 세 가지로 나뉘었다. 하나는 "제가 식물을 잘 죽이는데, 웬만해서 죽지 않는 식물 있나요?" 두 번째는 "물을 자주 안 줘도 되는 식물은 뭔가요?" 마지막으로 "이 식물은 어디에 좋나요?"

먼저 첫 번째 질문에 답을 하자면, 죽지 않는 식물은 없다. 식물도 살아 있는 생명이다. 우리에게 물과 식량이 필요하듯, 식물도 수분과 양분이 없으면 죽는다. 그리고 두 번째 질문, 물을 자주 안 줘도 되는 식물은 '다육식물'이다. 사막이 원산지인 식물들. 하지만 사막에도 드물게 비가 내리기 때문에, 적은 양의 물은 필요하다. 그리고 세 번째, 식물이 어디에 좋으냐고? 우리가 시중에서 만날 수 있는 모든 식물은 기본적으로 관상, 식용, 약용 등 어느 한 가지 이상의 기능을 인정받아 증식된 것이다.

어쨌든 내가 받은 질문들은 '나는 식물에게 아무것도 해주고 싶지 않지만, 식물은 내게 많은 걸 해주길 바란다'로 요약된다. 그리고 이것이 내가 아르바이트를 하며 얻은 결론, 오늘날 인간이 식물을 대하는 태도다. 선인장과 같은 다육식물과 틸란드시아 같은 공중식물air plant, 그리고 관엽식물이 인기를 누리는 데는 이러한 심리가 반영돼 있다. '나도 식물을 키우고 싶긴 한데 잘 키울 자신은 없고, 물을 줄 시간도 없고…… 하지만 공간에 생기를 더해주고, 공기를 정화해주거나 음이온을 방출하거나 향기를 내뿜는 식물이 있다면 좋겠다.' 이런 마음에서 식물을 소비하는 것이다.

우리나라에서 판매되는 틸란드시아. 매장에서 품종 이름을 적어두지 않아 이름은 알 수가 없다. 원예종은 생산자가 개체에 이름을 적어두지 않으면, 소비자는 정확한 이름을 영원히 알 수 없다. 분화는 흙에 이름표를 꽂아 유통되기라도 하지만, 틸란드시아 같은 공중식물은 흙에 심는 식물이 아니니 라벨을 찾아보기가 더 어렵다.

리톱스와 틸란드시아의 운명

신기하게 생긴 데다 물을 자주 주지 않아도 되는 다육식물이 한참 많은 사람에게 사랑받기 시작할 때, 친구들과 길을 가다 다육식물 농장을 지났다. 한 명이 "다육이다!" 하고 소리쳤다. "다육이? 다육이가 뭐야?" "다육식물. 요즘 다육식물을 다육이라고 부르던데?" 다육이라니. 무슨 사람 이름을 부르는 줄 알았다.

사람들은 곧잘 이름을 줄여 부른다. 다육이(다육식물), 알로(알로카시아), 틸란(틸란드시아)처럼. 그만큼 많이 부르고, 인기가 많다는 뜻이다. 어쨌든 다육이(선인장은 선인장과 식물을 통칭하고, 다육식물은 선인장과를 포함해 잎에 수분을 함유하는 사막 원산의 식물을 일컫는다)의 인기는 한동안 지속되었다. 그리고 다육식물의 인기가 시들해질 즈음, 원예 시장에 새로운 형태의 식물이 나타났다. 틸란드시아*Tillandsia*와 리톱스*Lithops*다.(둘 모두 다육식물에 속하지만, 형태가 완전히 달라 별개의 식물군처럼 불린다.)

틸란드시아와 리톱스는 우리가 익히 봐 온 식물들과 퍽 다르게 생겼다. 새롭고 신기하다. 게다가 다육식물에 속하므로, 물을 자주 주지 않아도 되니 관리가 쉽다. 그러나 비슷한 시기에 원예 시장에 나타난 두 식물은 서로 다른 생김새처럼, 운명도 엇갈렸다.

틸란드시아는 공중에서 자라기 때문에 어디든 매달아 장식할 수 있고, 흙이 필요 없어 분갈이를 하지 않아도 된다. 게다가 공기 정화 효과까지 있다 하니 인기가 날로 높아졌다. 반면 리톱스는 기존에 선인장을 심던 흙보다 더 굵은 모래에 심어야 하고, 관수도 까다롭다. 게다가 크기가 작아서 실내 장식을 하려고 해도 눈에 잘 띄지 않는다. 어떤 기능이 있는지 연구도 되지 않았다. 사람들은 독특한 생김새에 이끌려 리톱스를 찾았지만, 시간이 지나면서 소비량은 점점 줄었다. 그렇게 틸란드시아는 어디서든 볼 수 있는 식물이 되었고, '틸란'이라는 별명도 얻었다. 반면 리톱스는 마니아들이 주로 재배하는 식물이 되었다.

'리톱스 문화'는 그래서 더 흥미롭다. 키우기 쉽고 쓰임새가 많은 틸란드시아의 인기가 높은 건 당연하지만, 재배가 힘들고 가격도 비싼 리톱스가 꾸준히 온·오프라인 상점에서 판매되고, 리톱스 전문점들이 생기고, 꿋꿋이 리톱스만 재배하는 사람들이 있다는 것. 식물을 정말 좋아하는 사람들이 이끄는 진정한 식물 문화다. 어떤 효용도 바라지 않고, 재배할 때 신경을 많이 써야 하는데도 그 식물을 기르기란, 정말 좋아하지 않으면 하기 힘든 일이다. 나는 리톱스 문화로부터 비로소 '식물에게 아무것도 바라지 않아. 내가 정말 좋아서 함께하는 거야'라는 마음을 엿볼 수 있었다.

2017년 현재 우리나라에서 유통되는 리톱스 품종들.
번호순으로 황미문옥 *Lithops fulviceps* cv. aurea, 루비 *Lithops optica* cv. rubra, 자보취옥 *Lithops divergens* v. amethystina, 대진회 *Lithops otzeniana*, 백화황자훈 *Lithops lesliei* cv. albinica, 보류옥 *Lithops lesliei* v. hornii, 올리브옥 *Lithops olivacea* v. nebrownii, 다브네리 *Lithops bookeri* v. dabneri, 여홍옥 *Lithops dorotheae*, 노림옥 *Lithops naureeniae*, 장인옥 *Lithops pseudo* ssp. groendraiensis.

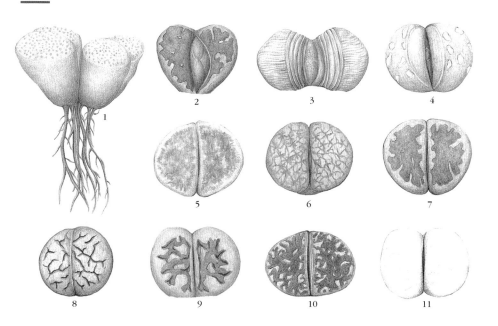

지금 우리 곁의 틸란드시아

인기가 높아지면서 다양한 틸란드시아 품종이 수입되었으나, 사람들은 틸란드시아를 대개 수염틸란드시아와 이오난사틸란드시아로만 분류한다. 몇 년 전 고양국제꽃박람회에서 틸란드시아만을 재배하는 농장 부스를 본 적이 있다. 우리나라에 유통되는 틸란드시아 품종이 이토록 다양했다니! 놀랄 수밖에 없었다. 그 후 일본 도쿄의 책방에서 틸란드시아 도감을 보았다. 나도 우리나라에서 유통되는 다양한 틸란드시아 품종을 그려서 사람들에게 알려야겠다고 생각했다. 그렇게 틸란드시아 그림 기록은 시작됐다.

나는 틸란드시아를 보기 위해 파주의 농장을 찾았다. 또 직접 이들을 재배하기도 했다. 그즈음 일본 쓰쿠바식물원에서 틸란드시아 컬렉션을 보면서 한국 틸란드시아 문화의 미래를 짐작할 수 있었고, 어떻게 이를 기록할지 윤곽이 잡혔다. 일본의 식물 문화는 깊고 오래되었다. 슈퍼에 과일이나 채소 매대와 함께 화훼식물 매대가 있고, 사람들은 베란다와 정원에서 식물을 재배한다. 꽃을 사고 화분을 사는 게 일상이다. 틸란드시아 역시 우리나라에서보다 더 먼저 인기를 얻었다.

쓰쿠바식물원은 국립도쿄자연사박물관 내에 있다. 여기에 아시아 원예 시장에서 유통되는 틸란드시아 품종이 많다는 이야기를 듣고 나는 도쿄에서 두어 시간을 달려 쓰쿠바로 향했다.

쓰쿠바식물원 한가운데는 대온실이 자리한다. 입구에는 틸란드시아들이 공중에 매달려 있다. 야자나무 가지에는 수염틸란드시아가 걸려 있었는데, 길이가 1미터는 넘어 보였다. 이들은 뿌리가 아닌 잎의 기공으로 수분을 흡수하고 먼지의 양분을 빨아들인다. 우리나라에서는 이 수염틸란드시아가 가장 인기 있다. 실내 식물은 보통 화분에 심어 재배하기 때문에 바닥이나 책상 위, 창틀과 같이 한정적인 장소에만 둘 수 있다. 그런데 틸란드시아는 장소의 구애를 받지 않고, 그중에서도 특히 수염틸란드시아는 자연스럽게 천장에 매달 수 있어 공간을 꾸미기 마침맞다.

쓰쿠바식물원의 대온실.

틸란드시아의 오래된 마른 잎.

자생지에서처럼 나무에 매달려 있는 수염틸란드시아.

수염틸란드시아 옆에는 50여 종의 틸란드시아가 매달려 있다. 이곳의 틸란드 시아 컬렉션은 언뜻 보기에도 품종이 매우 다양했다. 모아놓고 보니 품종마다 색과 형태상의 특징이 확연히 구별됐다. 이렇게나 다른 종을 그냥 싸잡아 '이오 난사틸란드시아'라고 불러왔다니. 안타까운 일이다. 나는 한국에서 본 종들부터 사진으로 찍고, 길이를 재고 스케치하기 시작했다.

틸란드시아는 뿌리보다 잎이 더 발달한 식물이다. 뿌리는 단지 어딘가에 착생 하는 용도여서, 자생지에서는 보통 나무나 돌에 뿌리를 부착해서 자란다. 스스 로 매달릴 필요가 없으니, 도시에 사는 이들의 뿌리는 사실상 아무런 역할이 없 는 셈이다.

다양한 형태의 틸란드시아가 공중에 매달 려 있다. 틸란드시아 하면 연녹색을 떠올 리기 쉬운데, 품종에 따라 갈색, 적갈색, 녹색, 연녹색까지 잎의 색이 다른 것을 볼 수 있다.

식물 문화의 풍경, 틸란드시아와 리톱스 _ 쓰쿠바식물원

스트렙토필라틸란드시아 *Tillandsia streptophylla* Scheidw는 잎이 유난히 두껍고, 연분홍색을 띠는 꽃이 아름다웠다. 잎이 도톰하다는 건 뿌리가 두꺼운 것처럼 많은 수분과 양분을 필요로 한다는 뜻이다. 어떤 종은 분홍색 꽃이 한창 만개해 있고, 또 어떤 종은 잎도 분홍색을 띠어 꼭 꽃이 핀 것같이 보였다. 식물을 관찰하며 형태에 질문을 던지는 습관을 들이면, 나중에는 형태를 보고 어느 정도 그 대답을 얻기도 한다.

스트렙토필라틸란드시아의 꽃.

이들은 뿌리를 흙에 심지 않으니 장식 방법도 다양하고 독특하다. 한 구석에는 이오난사틸란드시아 여러 개체를 엮어 거대한 틸란드시아처럼 연출해놓은 게 보였다. 공중식물이 아니면 불가능한 장식 방법이다.

나는 틸란드시아에 다가가 잎을 만져보았다. 그들에겐 호흡기와도 같은 꺼끌꺼끌한 기공을 만지니 수분과 양분을 마시듯 들숨을 쉬는 것 같았다. 살아 있음이 느껴졌다. 우리나라보다 유행이 한발 빠른 일본에서 이토록 다양한 틸란드시아를 보니, 한국에서도 틸란드시아의 인기가 꽤 오랫동안 지속되리라는 걸 알 수 있었다.

도쿄에서 돌아와 계속 농장을 찾고, 또 직접 재배도 하면서 틸란드시아를 그렸다. 그사이 벌써 꽃 시장엔 틸란드시아 컬렉션을 걸어놓고 판매하는 상점이 생겼다. 틸란드시아의 인기가 얼마나 지속될지는 모르지만, 어찌되건 나는 지금 우리 곁에 있는 틸란드시아를 기록하는 일을 멈추지 않을 것이다. 지금이 아니면 그릴 수 없기 때문이다. 그리고 먼 훗날 이들은 '2010년대 후반, 한국인이 가장 좋아했던 식물'로 기억되겠지.

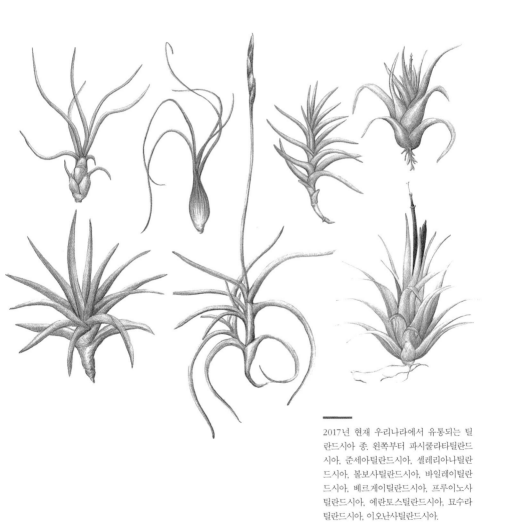

2017년 현재 우리나라에서 유통되는 틸
란드시아 종. 왼쪽부터 파시쿨라타틸란드
시아, 준세아틸란드시아, 셀레리아나틸란
드시아, 불보사틸란드시아, 바일레이틸란
드시아, 베르게이틸란드시아, 프루이노사
틸란드시아, 에란토스틸란드시아, 묘수라
틸란드시아, 이오난사틸란드시아.

유년의
식물 기억

진다이식물공원

관악산의 아까시나무 향기와
보라매공원의 새빨간 튤립

아빠는 아름다운 것을 유난히 좋아하는 사람이었다. 그 아름다운 것에는 당연히 식물도 포함됐다. 주말마다 아빠는 첫딸인 나를 품에 안고 식물이 있는 곳을 찾았다고 한다. 그렇다고 우리 가족이 산과 들로 둘러싸인 동네에 살았던 건 아니다. 내 고향은 서울 한복판이었다. 어쩌면 아빠는 그래서 더 식물이 있는 곳을 찾아다녔는지 모르겠다.

내가 태어나 걷기 시작할 무렵까지 살던 동네엔 어린이대공원이 있었다. 아빠는 세 살배기인 나를 안고 주말마다 어린이대공원으로 걸음했다. 그곳에서 내게 식물과 동물을 보여주기도 하고, 가까운 대학 교정을 걸으며 호수와 나무를 구경시켜주기도 했다. 그러다 학생운동을 하던 무리를 마주쳐 하얀 연기 속을 쿨럭대며 뛰어가던 기억이 생생하다.

내가 어린이집에 들어갈 무렵 우리 가족은 이사를 했다. 관악산 아래 집들이 빽빽이 모여 있는 동네였다. 거기서 조금만 걸으면 보라매공원이 있었다. 아빠는 아직 어려 산을 잘 못 타는 내 허리에 줄넘기 줄을 묶어 주말 아침마다 나를 산에 데리고 올라갔다. 우리는 관악산 중턱에서 줄넘기를 하기도 하고, 내려오는 길에 아까시나무 꽃을 따 향기를 맡기도 했다. 어떤 날은 보라매공원을 하염없이 걷기도 했다.

그때는 관악산에 아까시나무가 왜 그리 많은지 궁금했다. 다 자란 뒤에야 해방 후 산림운동으로 산에 생장이 빠른 아까시나무를 많이 심었다는 걸 알게 됐지만. 어린 시절을 떠올리면 늘 관악산을 내려오며 맡았던 아까시나무의 향기와 보라매공원에서 보았던 새빨갛고 샛노란 튤립이 자연스레 그려진다. 그 향수는 내 어린 시절 기억의 작디작은 부분이지만, 그 작은 기억이 어쩌면 내가 식물을 사랑하게 된 이유, 평생 식물을 연구하겠다고 마음먹게 된 계기였던 것 같다.

공원에서 본 사람들

여름에 찾은 도쿄 진다이식물공원에서 어린 시절 기억이 떠올랐다. 진다이식물공원은 도쿄 도심을 조금 벗어난 근교에 위치해 있다. 도쿄 시내에선 지하철과 버스를 타야 닿을 수 있지만 넓고 쾌적해서 휴일에 가족들과 방문하기 좋은 곳이다. 버스에서 내려 족히 수십 년은 자란 듯한 큰 나무들 사이를 지나면 진다이식물공원이 보인다.

이곳에서는 도쿄 시민을 대상으로 한 식물 교육과 전시가 자주 열린다. 일정은 홈페이지와 박물관 게시판에 올라오고 전시와 교육 주제는 꾸준히 바뀌어 업데이트된다. 내가 방문한 주에는 일본 고문서에 기록된 식물 그림 전시가 있었다. 오래된 식물도감뿐 아니라, 농민들이 식물을 가꾸던 방식을 기록한 그림, 일본에서 육종한 다양한 꽃 그림 등 옛 식물 그림들이 빼곡히 전시되어 있었다. 우리나라에서는 찾아보기 어려운 오래된 원예서의 그림을 보며 일본 식물 문화의 전통이 얼마나 깊은지, 일본이 어떤 시선으로 식물을 바라보는지를 짐작할 수 있었다. 일반인을 대상으로 하는 전시라기엔 비교적 전문적이고 세분화된 주제라고 생각했지만, 생각보다 많은 사람이 전시를 즐기는 듯 보였다. 식물 문화가 일상 깊숙이 침윤돼 있다는 증거일 것이다.

고문서에 기록된 식물 그림. 전에도 열렸다가 관람객들에게 인기가 많아 다시 열린 전시였다.

키 큰 나무들을 지나 넓은 장미 밭과 그 사이를 가르는 잔디밭을 걸으면 건너편에 커다란 온실이 보인다. 온실 안에서는 연인끼리, 가족끼리 온 사람들이 한창 식물을 구경 하고 있었다. 아열대 원산의 너른 잎들 사이로 유모차에 앉은 아이에게 식물 이름을 일러주는 아빠, 이름표를 조용히 내려다보는 엄마, 식물을 가리키며 진지하게 이야기를 나누는 중년의 커플이 눈에 띈다. 각자 서로에게 집중하는 듯하면서도, 그들은 식물 이야기에 여념이 없다. 어느 식물원에서든 사람들은 갑자기 마주친 식물에 취한 듯 자기가 아는 식물 이야기를 마구 늘어놓기 마련이다. 이름표에 쓰인 원산지에 관해 알은체하거나, 혹은 어렸을 때 보았던 저 앵두나무로 시작하는 옛 이야기를 풀어놓거나, 며칠 전에 산 선인장 화분으로 시작하는 근황을 전하거나……. 긴 시간 품을 들여 식물이 있는 곳을 찾아 식물을 바라보며 즐거워하는 사람들을 보면 나는 어쩐지 그 풍경이 귀엽다. 꽃과 열매를 찾아다니는 곤충이나 새처럼 우리도 한낱 작은 동물임이 새삼 느껴진다.

공중에 장식된 틸란드시아 주위를 뱅뱅
돌며 뛰어 노는 아이들. 공원에는 아이들
을 위한 공간이 곳곳에 마련돼 있다.

진다이에 온 아이들은 정신없이 틸란드시아 주변을 뱅뱅 돌며, 베고니아 꽃을
따 물 위에 띄우기도, 세이지 꽃에 코를 비비기도 했다. 아이들의 방문이 잦은
이곳은 곳곳에 학습 장소가 마련돼 있다. 전시관 로비에는 행사와 관련된 리플
릿이 벽 한면을 차지하고 있다. 공원에 놀러온 아이들은 그 옆 의자에 앉아 식
물을 공부한다. 베고니아 온실에서 수생식물 온실로 가는 복도엔 온실의 식물
들이 그려진 세밀화 포스터가 붙어 있고, 식물도감들도 보인다. 아이들은 도감
을 손가락으로 가리키며 부모에게 거기 나온 식물에 대해 이야기하고, 도감 속
그림을 사진으로 찍기도 한다.

서울에 공립 식물원이 지어진다는 소식을 듣고, 식물원 설립 계획을 설명하는 심포지엄에 다녀왔다. 몇 년 후 문을 열 서울식물원을 상상하는 내 머릿속에는 진다이식물공원의 풍경이 떠올랐다. 도심 속 식물원과 공원은 우리 일상과 밀접한 생활 공간이다. 누군가에겐 체력을 기르기 위한 운동 코스, 또 누군가에겐 반려견과 산책하는 길, 동네 친구들과 수다를 떠는 만남의 장소일지도 모르겠다. 내 어린 시절을 떠올려보면, 공원은 유일하게 나무다운 나무, 꽃다운 꽃을 볼 수 있는 곳이었다. 내게 어린이대공원과 보라매공원, 관악산이 그랬듯 도쿄의 어린이들에게 진다이식물공원은 지구 건너편에 사는 선인장의 모습, 베고니아 잎의 부드러운 촉감, 세이지 잎의 향기로 기억될 것이다.

진다이식물공원에는 유난히 휴일에 나들이 오는 가족이 많다.

무궁화를 그려야지

진다이식물공원에는 무궁화 정원이 있다. 표지판에는 무궁화의 역사와 자생지, 세계의 무궁화 이용에 관한 정보가 안내되어 있고, 다양한 품종의 무궁화나무는 꽃이 만개했다.

무궁화는 흔히 우리나라 식물이라고 생각하기 쉽지만, 중국이 원산지다. 우리나라 자생식물이 아니기에 한반도의 산과 들에선 무궁화를 볼 수 없다. 그렇다고 꽃 시장과 꽃 가게에서 무궁화 꽃다발과 화분을 살 수 있는 것도 아니다. 병해충과 진드기가 많다고 알려져 있어서, 가정용 원예식물로는 잘 이용되지 않는다.(실제 연구된 바로는 벚나무와 비슷한 정도라고 하지만.)

그래서 한국 정부는 무궁화가 국화로 지정된 이래 줄곧 우리 땅에서 잘 자라고, 우리나라 사람들이 좋아할 만한 무궁화를 육종해왔다. 그만큼 우리나라는 세계적으로 무궁화를 가장 많이 육종하고 연구하는 나라다. 그런데 진다이식물공원의 안내판에는 우리나라 이야기가 쏙 빠져 있다. 나는 그게 속상했다.

일본은 우리나라에 심겨 있던 오래된 무궁화나무를 다 베었다. 워낙 남은 무궁화나무가 몇 없어서, 최초로 무궁화를 연구했던 류달영 박사는 한반도 곳곳에 남아 있는 무궁화를 찾는 작업을 하기도 했다. 그렇게 한국의 무궁화나무를 숱하게 벤 일본에서 무궁화나무를 본 느낌을 뭐라고 설명할 수 있을까.

이름표가 없어 정확한 품종명은 알 수 없
지만, 일본에서 육성한 백색 겹꽃 무궁화
품종이다.

진다이의 무궁화를 보면서 우리나라의 무궁화가 생각났다. 생각했다기보단 저절로 떠올랐다. 한국에 돌아가면 무궁화를 그려야지. 우리나라에서 육성돼 태어난 소중한 무궁화를 본격적으로 하나하나 기록해야지. 이미 7년 전부터 우리나라 무궁화 품종들을 스케치해놓긴 했지만 무궁화가 만개하는 시절엔 늘 다른 식물들도 꽃을 피우다 보니 이런저런 일에 밀려 스케치를 멈춘 지 한참이었다. '누군가는 꼭 해야 할 일이고, 내가 할 수 있는 일이라면 해야지.' 무궁화는 내게 그런 식물이다.

2011년 9월 7일 스케치한
무궁화 '첫사랑'.

오래된
나무들

신주쿠공원

아름드리나무들 사이를 걸으며

신주쿠공원에 가기로 마음먹은 건 어느 영화를 보고 나서였다. 「언어의 정원」이라는 애니메이션이었는데, 상처를 가진 두 주인공이 비 내리는 날마다 같은 정원 같은 정자에서 만나 서로의 상처를 보듬으며 치유해가는 내용이다. 「언어의 정원」을 만든 신카이 마코토新海誠 감독은 집 근처에 있는 신주쿠공원을 배경으로 이 영화를 만들었다고 한다.

도쿄에 가던 날, 누군가에게 연락이 왔다. 그곳에 머물던 한국인 영화감독이었고, 준비 중인 영화에 식물세밀화가가 나온다고 했다. 도쿄를 찾는다면 만나고 싶다고. 우리는 신주쿠공원 앞에서 만나기로 했다. 낯선 장소에서 낯선 만남을 갖는 건 왠지 어색하고 자신 없었지만, 식물이 가득한 곳이라면 괜찮을 것 같았다. 마침 「언어의 정원」에서처럼 보슬보슬 비가 내렸다. 우리는 작은 우산 하나를 사이에 두고 식물 이야기를 하며 두 시간 남짓 공원을 산책했다.

오래된 나무들 _ 신주쿠공원

공원 한편에 자리를 잡고 앉아 있는 사람들.

　　신주쿠공원은 공원이라고 이름 붙긴 했지만, 식물원 역할을 하는 도쿄 도심의 대표적인 식물 공원이다. 나처럼 여행으로 방문한 외국인부터 소풍 온 어린이들, 동네 마실 나와 산책하는 아주머니까지…… 식재돼 있는 다양한 식물처럼 저마다 다른 일상을 사는 사람들이 이곳을 찾는다.

정문에서부터 거대한 나무들이 보인다.

    공원 입구에 발이 닿는 순간부터 유럽에서나 볼 수 있을 법한 큰 나무들이 시
선을 가득 채운다. 우산을 쓰지 않아도 비를 맞지 않을 만큼 하늘을 가리는 아
름드리나무들이다.

오래된 나무들 _ 신주쿠공원

우리 도심에서는 보기 힘든 이 거대한 나무를 올려다보며 감탄하던 감독님은 일제강점기 일본이 한반도의 나무를 베었던 이야기를 꺼냈다. "나무란 게 얼마나 중요한지 알았던 거죠."

일제는 한국의 식물을 연구하면서 이 땅의 오래된 나무를 모조리 베었다. 특히 한국을 상징하는 국화 무궁화나무의 경우, 일제강점기 이전에 식재된 개체는 거의 남아 있지 않을 정도로 몰살됐다. 우리나라에 남아 있는 오래된 나무들의 수종이 대개 소나무, 느티나무, 은행나무 등으로 한정적인 것도 바로 이 때문이다. 나는 신주쿠공원에 있는 이 오래되고 거대한 나무를 올려다보며 왠지 억울하다는 생각이 들었다.

나무 한 그루가 자라는 데는 짧게 수십 년에서 길게는 수천 년의 시간이 걸린다. 동양에서 오래된 나무를 신성시한 이유도, 일본이 한반도의 나무를 베어내는 데 집착한 이유도 여기에 있다. 나무가 지닌 시간성과 역사성.

이야기를 나누며 큰 나무를 따라 얼마간 걷자 공원을 둘러싼 빌딩이 보였고, 빌딩을 지나니 커다란 호수에 닿았다. 호수 근처에는 족히 15미터는 돼 보이는 백합나무(튤립나무) *Liriodendron tulipifera* L. 한 그루가 서 있었다. 꽃이 한창 만개한 모습이다. 나는 튤립나무를 좋아한다. 잎이 튤립 꽃 모양이라 튤립나무라 불리는 것도, 네모난 모양으로 핀 꽃도, 연두색도 노란색도 주황색도 아닌 꽃잎도 어쩐지 참 귀엽게 느껴진다.

"서울에선 아직 꽃이 피지 않았는데, 도쿄에선 벌써 꽃이 피네요." 서울에서 본 마지막 튤립나무는 잎의 생장에 집중하느라, 전해에 피운 꽃잎을 그대로 떨어뜨린 모양이었다. 한국에서 봐온 튤립나무 꽃을 떠올리며 내 앞의 튤립나무 꽃을 가만히 바라보았다. 오래되고 거대한 나무여선지 꽃도 더 알차고 튼튼해 보였다. 나는 어쩐지 서울의 튤립나무가 안쓰러워졌다.

오래된 나무들 _ 신주쿠공원

신주쿠공원은 여러 개의 크고 작은 호수로 연결돼 있다. 지대가 낮은 물가 근처에는 우리나라에서도 볼 수 있는 낙우송이 있었다. 낙우송은 메타세쿼이아와 생김새가 비슷하다. 잎 나는 모양으로 식별이 가능하지만, 가장 큰 차이점은 뿌리의 형태다. 메타세쿼이아의 뿌리는 다른 나무들처럼 땅속에 박혀 보이지 않지만, 낙우송은 뿌리가 땅 위로 울퉁불퉁 솟아나 있다. 이 공기뿌리는 물가에 사는 낙우송이 물속 뿌리로는 충분히 숨을 쉴 수 없어 땅 위로 뻗어 올린 뿌리다. 극적으로 솟아난 뿌리만 보아도 이곳의 낙우송이 수백 년은 된 나무임을 알 수 있다. 진화의 현장에 온 듯한 기분이다.

낙우송 뿌리들이 우뚝 솟아 있다.

Taxodium distichum (L.) Rich.

1.Branch with leaves and seed cones 2.Leaves 3.Aerial root 4.Male flower witer bud 5.Female flowers 6.Seed cone 7.Seed

낙우송 도해도. 번호순으로 열매가 달린
가지, 잎, 뿌리, 수꽃의 눈, 암꽃, 구과, 씨앗.

Metasequoia glyptostroboides Hu & W.C.Cheng

1.Branch with leaves 2.Male flower 3.Female flower 4.Cone 5.Seed cones 6.Seeds

메타세쿼이아 도해도. 번호순으로 잎이 달
린 가지, 수꽃, 암꽃, 구과, 포, 씨앗.

나는 이튿날에도 혼자 신주쿠공원을 찾았다. 날은 흐렸지만 전날 우산에 가려 보지 못했던 나무 저 높이 달린 잣나무 열매가 보였다. 빗방울을 머금은 채 만개한 수국도 어제와는 다른 공원의 풍경이었다.

겨울
정원에서

도쿄대부속식물원

편견과 관념

언젠가 지도 교수님이 꽃을 연구하며 겪은 일을 들려준 적이 있다. 교수님이 원예학과에 입학했을 때만 해도 우리나라는 가난했고, 원예학도들은 주로 식량으로 이용되는 채소나 과수를 공부했다. 그런데 교수님은 화훼식물을 더 공부하고 싶어 대학원 진학을 생각했다. "남자가 무슨 꽃을 하느냐." 부모님은 반대했고, 이후로도 비슷한 이야기를 수없이 들었다. 그때 부모님을 설득하기 위해 조직 배양 가능성을 이야기했고, 어렵게 꽃을 공부할 수 있었다고 한다.

그 후 많은 시간이 흘렀고, 시대가 바뀌었다. 육성과 재배에 집중하던 연구가 주를 이루던 원예학은 꽃을 아름답게 장식하는 화훼장식(플라워디자인), 식물을 가꾸며 몸과 마음을 치유하는 원예치료 등으로 다변화됐다. 교수님은 그때도 주변에서 "그건 원예다운 원예가 아니다" "무슨 플라워디자인을 연구하냐"는 이야기를 들었다고 한다. 교수님은 사람들이 좋아할 만한 아름다운 식물을 육성하고 재배하는 일도 중요하지만, 그렇게 탄생한 식물을 더 많은 사람이 더 잘 이용할 수 있도록 하는 방법을 연구하는 것도 원예학자의 역할이라고 했다. 그로부터 또 한참이 흐른 지금은 도시원예학 등 사회원예 분과가 생겼을 만큼 원예학의 저변이 확대되었다.

교수님은 늘 기본에 충실하되, 어떤 것이든 포용하는 자세로 '식물'과 '식물 하는 사람'을 대했다. 내가 식물학 그림을 연구하고자 했을 때도 그 가능성을 보고 가장 먼저 응원해주었고, 어디선가 과학 일러스트와 관련된 자료를 보면 늘 내게 보여주었다. "식물세밀화로 이렇게도 만들더라. 소영아, 이런 것도 한번 연구해봐."

식물학 그림을 연구 기록물로만 바라봐온 내가 시중에 나온 식물 관련 제품에 들어갈 그림을 그리고, 우리가 식물을 매개로 살고 있음을 사람들에게 재인식시켜주는 등 식물학 그림의 여러 가능성을 보여주는 작업을 하게 된 것도 늘 열린 마음으로 식물을 생각하는 교수님 덕분이었다.

그러던 어느 겨울날, 수목원에 간다는 교수님에게 누군가 물었다. "겨울에 수목원에 가면 아무것도 없지 않아요?" "겨울 정원이야말로 제대로란다. 식물의 본질이 보이거든." 교수님다운 대답이었다. 그분의 말씀을 되새기며 나는 종종 겨울 정원을 찾았다.

도쿄대부속식물원 증식 온실의 겨울 풍경.

겨울 정원에서 _ 도쿄대부속식물원

　도쿄대부속식물원은 대학 교정 근처에 있다. 이곳을 봄, 여름, 가을에 방문한 적은 있지만 겨울에 온 건 처음이었다. 식물이 푸른 계절마다 방문하고도, 한겨울에 또다시 이곳을 찾은 건 이상하게도 올 때마다 겨울 풍경이 궁금했기 때문이다. 도시 한가운데 있으면서도 우리나라에서는 깊은 숲에서나 볼 수 있는 큰 나무들이 빼곡히 늘어서 있고, 늘푸른나무가 군데군데 서 있는 모습이 어쩐지 제대로 된 겨울 식물원 풍경을 볼 수 있을 것 같다는 막연한 기대가 있었다.

　나는 식물원에 가기 전 숙소 근처의 대형 서점에 들러 겨울눈 도감 한 권을 샀다. 일본에서 자주 볼 수 있는 나무의 겨울눈을 사진과 글로 기록한 도감이었다. 겨울눈 도감과 함께라면 겨울 식물원 산책이 더 즐거울 것 같았다.

도쿄대부속식물원의 겨울 풍경(왼쪽)과 여름 풍경.

숲은 시시때때로 변한다. 단 한 순간도 같은 풍경이 반복되지 않는다. 오전에 활짝 피었던 동자꽃은 오후가 되면 지고, 오후에 가지에 매달려 있던 참나무 잎이 밤이 되면 떨어지기도 한다. 그림을 그리느라 관찰 중이던 식물이 꽃을 피웠다길래 하루 뒤에 가서 보면 이미 꽃이 져버리고 없는 일이 허다하다. 식물의 매 순간을 관찰해 기록하다 보면, 계절 변화나 식물의 시간성에 민감해질 수밖에 없다. 게다가 연중 기후 변화의 폭이 적은 나라는 풍경도 비교적 변화가 없지만, 우리나라나 일본, 중국처럼 사계절이 뚜렷한 나라는 풍경도 극적으로 변한다. 이런 곳에서 어떤 식물이 있는 장소에 가봤다고 말할 수 있으려면, 적어도 사계절은 가보아야 한다.

겨울 정원에서 _ 도쿄대부속식물원

우리나라에 사는 식물은 겨울 동안 다른 계절에 비해, 그리고 따뜻한 동남쪽 나라의 식물에 비해 더디게 생장한다. 내가 따뜻한 나라에서 산다면 사계절 내내 식물을 관찰하러 다니느라 쉴 틈이 없을 것이다. 한데 한국의 겨울은 대부분의 식물이 생장하기엔 혹독한 추위가 이어진다. 식물을 관찰할 때 가장 중요한 꽃이나 열매 등 생식 기관을 볼 수 없기 때문에 겨울이 다른 계절보다 비교적 한산한 건 사실이다. 그렇다고 겨울 동안 식물이 아무것도 하지 않는 건 아니다. 여느 때처럼 겨울에도 식물은 끊임없이 움직이고 생장한다. 그 대표적인 증거가 바로 '겨울눈'이다. 겨울눈은 우리가 추운 겨울을 나기 위해 따뜻한 옷을 입듯, 나무가 혹독한 겨울을 나기 위해 여름과 가을에 떨어뜨린 소중한 꽃과 잎 자리를 보호하는 방법이다.

겨울눈을 만지면 보송보송한 털이 느껴진다.

봄이 오기 직전에 모아두었던 겨울눈. 그
자리에서 잎과 꽃이 피어난다.

나무는 각자의 방식대로 다양한 형태의 겨울눈을 만든다. 나는 장갑 낀 한 손
에 겨울눈 도감을 들고 수목원을 거닐며 나무들을 찾아다녔다. 겨울눈을 자세
히 보느라 나무 한 그루를 이리 돌고 저리 돌며 한참 관찰했다. 식물원 입구 구
석의 일본목련*Magnolia obovata* Thunb.은 가지 끝에 보송보송한 털을 감싸고 있고,
그 옆의 칠엽수*Aesculus turbinata* Blume는 두꺼운 껍질을 두르고 있다. 식물원에
두루 자라는 갈참나무*Quercus aliena* Blume는 가지 끝에 여러 개의 눈이 겹겹이
붙어 있었다. 낙우송은 봄에 보면 잎이 어긋나 있다. 그런데 겨울눈은 신기하게
도 또렷하게 마주나 있었다. 겨울눈의 형태는 식물마다 달라서 겨울눈만 보고도
어느 정도 식물을 분별할 수 있다.

겨울 정원에서 _ 도쿄대부속식물원

식물은 자신을 중심으로 주변의 것을 움직이거나 바꾸려 하지 않는다. 자신이 뿌리 내린 그 환경에 순응하고 긴 시간 동안 변화하는 주변 환경에 맞춰 스스로 변화한다. 그 변화의 결과는 형태로 나타난다. 그런 식물의 형태를 기록한다는 건 단지 겉모습을 그리는 게 아니라 종의 역사, 다시 말해 그들의 삶을 이해하고 기록하는 일일 것이다.

꽃과 열매와 잎을 떨구고, 앙상한 가지만 내민 나무를 보고 누군가는 별 볼 일 없다 말할지 모른다. 하지만 사실 맨가지만 남은 나무는 겨울에야 그 아름다움을 유감없이 드러낸다. 다양한 수피의 색과 무늬, 두 갈래로 갈라지는 가지 사이의 각도, 곧은 선과 굽은 선. 맨가지를 드러낸 나무의 형태는 미적 차원을 넘어 나에게 어떤 가르침을 주는 것 같다. '네가 아무리 선을 그어봤자, 내 가지처럼 자연스러운 곡선은 못 그을걸?' 하고.

다른 계절에는 보이지 않던 나뭇가지의
선은 겨울에 비로소 드러난다. 햇빛으로
생긴 가지의 그림자와 나뭇가지의 선이 묘
하게 조화를 이룬다.

나무의 피부인 수피의 색과 질감도 겨
울에 더 뚜렷이 드러난다.

나무 아래 난 풀은 또 어떻고. 얼음이 언 땅을 가만히 내려다보면, 그 아래 초록색 잎들이 숨어 있다. 나무가 겨울눈으로 스스로를 보호하듯 땅 위의 풀들은 꽁꽁 언 얼음과 눈을 방패 삼아 그 아래 고이 숨어 겨울을 난다. 따뜻한 봄에야 비로소 보이는 풀들은 어느 순간 갑자기 그만큼 자라난 게 아니라, 겨울 동안 눈에 띄지 않았을 뿐이다.

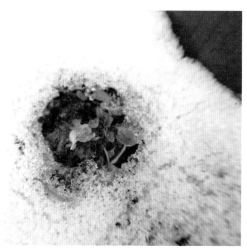

한겨울 언 눈을 이불 삼아
잎을 틔우던 풀들.

겨울 정원에서 _ 도쿄대부속식물원

울창한 나무숲을 지나 조그만 텃밭이 모여 있는 약용식물원에 이르자, 한 할아버지가 일본어로 나를 불러 세웠다. 정확히 알아들을 수는 없었지만, 손가락으로 땅을 가리키는 걸 보니 거기에 무언가 있다는 말 같았다. 할아버지가 가리키는 곳으로 가 고개를 숙이고 땅바닥을 자세히 들여다보니 노란 복수초 봉오리가 고개를 내밀고 있었다. 아직 봉오리라 무슨 복수초인지는 모르겠으나 한겨울에 보는, 게다가 외국에서 보는 익숙한 식물의 개화는 무척 반가운 일이었다. 복수초 봉오리를 둘러싼 사람들의 얼굴엔 미소가 가득했고, 말없이도 함께 무언가를 공유했다는 유대감이 강하게 느껴졌다. 긴 겨울 화려한 꽃과 열매는 고사하고 초록 잎조차 찾아보기 어려운 땅에서 거의 유일하게 추위를 견디고 피어나는 꽃이어선지 복수초를 발견한 사람들의 얼굴은 늘 밝다.

할아버지가 가리킨 곳. 노란 복수초가 봉
오리를 맺고 있다.

우리가 다른 데 한눈을 파는 겨울에도 식물은 평소처럼 끊임없이 움직이고, 성장하고, 모습을 바꾼다. 10년 가까이 식물과 함께하면서도 이 일이 귀찮거나 지루하지 않았던 건 식물이 끊임없이 변화하기 때문은 아니었을까?

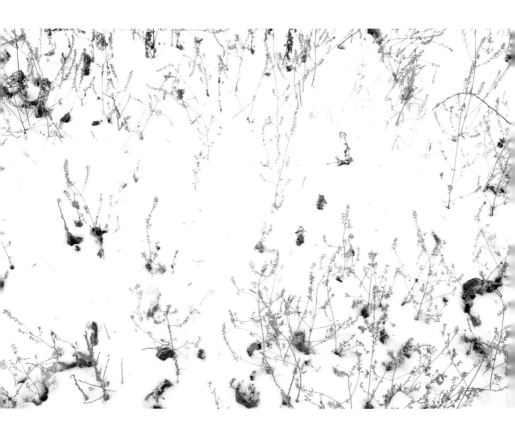

찾아보기

그림 목록

식물 산책

식물세밀화가가 식물을 보는 방법

ⓒ 이소영

1판 1쇄   2018년 4월 17일
1판 8쇄   2022년 10월 30일

지은이   이소영
펴낸이   강성민
편집장   이은혜
책임편집   박은아
마케팅   정민호 이숙재 김도윤 한민아 정진아 이민경 정유선 김수인
브랜딩   함유지 함근아 김희숙 고보미 박민재 박진희 정승민
제작   강신은 김동욱 임현식

펴낸곳   (주)글항아리
출판등록   2009년 1월 19일 제406-2009-000002호
주소   10881 경기도 파주시 회동길 210
전자우편   bookpot@hanmail.net
전화번호   031-955-2696(마케팅) 031-955-2663(편집부)
팩스   031-955-2557

ISBN   978-89-6735-515-9 03480

잘못된 책은 구입하신 서점에서 교환해드립니다.
기타 교환 문의 031-955-2661, 3580

geulhangari.com